U0161365

古戏台

国家出版基金项目
NATIONAL PUBLICATION FOUNDATION

中国传统建筑
营造技艺丛书
（第二辑）

刘 托 主编

乐平古戏台
营 造 技 艺

LEPING GUXITAI
YINGZAO JIYI

张静静 著

时代出版传媒股份有限公司
安徽科学技术出版社

图书在版编目(CIP)数据

乐平古戏台营造技艺 / 张静静著.--合肥:安徽科学
技术出版社,2021.6
(中国传统建筑营造技艺丛书 / 刘托主编.第二辑)
ISBN 978-7-5337-8398-3

Ⅰ.①乐… Ⅱ.①张… Ⅲ.①舞台-古建筑-建筑艺
术-乐平 Ⅳ.①TU-092.956.4

中国版本图书馆 CIP 数据核字(2021)第 075385 号

乐平古戏台营造技艺   张静静 著

出 版 人:丁凌云　选题策划:丁凌云　蒋贤骏　陶善勇　策划编辑:翟巧燕
责任编辑:期源萍　王秀才　责任校对:戚革惠　责任印制:李伦洲
装帧设计:王 艳
出版发行:时代出版传媒股份有限公司　http://www.press-mart.com
　　　　　安徽科学技术出版社　　　　　http://www.ahstp.net
　　　　　(合肥市政务文化新区翡翠路 1118 号出版传媒广场,邮编:230071)
　　　　　电话:(0551)63533330
印　　制:合肥华云印务有限责任公司　　电话:(0551)63418899
(如发现印装质量问题,影响阅读,请与印刷厂商联系调换)

开本:710×1010　1/16　　　印张:14　　　　字数:228 千
版次:2021 年 6 月第 1 版　　　2021 年 6 月第 1 次印刷

ISBN 978-7-5337-8398-3　　　　　　　　　　定价:69.80 元

版权所有,侵权必究

丛书第二辑序

自2013年"中国传统建筑营造技艺丛书"第一辑出版至今,已经8年过去了。这8年来,"营造技艺及其传承保护"已然成为中国传统建筑文化及文化遗产保护领域的热门话题,相关的课题研究、学术论坛高倍聚焦于此,表明了营造技艺的学术性和当代性价值。不惟如此,"营造"一词自1930年中国营造学社创立以来,重又为社会各界广泛认知和接受,成为人们了解传统建筑的一种新的视角,或可以说多了一把开启中国建筑文化之门的钥匙。

研究营造技艺的意义是多方面的:一是深化和拓展了建筑历史与理论研究的领域;二是丰富和充实了文化遗产保护的实践;三是在全国范围内,特别是在民间,向广大民众普及了对保护和传承非物质文化遗产(简称"非遗")的认知。正是随着非遗保护工作的不断深入,我们对一些已有的认知也在逐渐深入和更新。比如真实性问题,每一种非遗都是富有生命活力的存在,是一种生命过程,这是非遗原真性的核心内涵,即它是活着的生命体,而不是标本。这与物质形态的真实性有所不同,其真实与否是活态非遗真伪的判断标准。作为文物的一座建筑,我们关注的是物态本身,包括它的材料、造型等,可能还会延伸到它的建造历史,它甚至可以引导我们穿越到初建或改建时的那个年代;而作为非遗的技艺,建筑物只是一个符号,我们要揭示的是建造技艺延续至今所包含的人类文明和人类智慧,它在我们当今生活中所扮演的角色,让我们既感受到人类文明的涓涓流淌,又体验到人类生活的丰富多样。我们现在在古建筑物质形态保护方面,对原真性保护虽然原则上也强调使用原材料、原工具、原工艺进行修缮,然而随着"非物质文化遗产"概念的引入和普及,传统技艺本身已然成为保持文化遗产真实性的必要条件和要素,成为被保护的直接对象。对技艺的非物质保护,首先就是强调其原真性需要得到保护,技艺的原真性就是有序传承的技术、做法、工艺、技巧。作为被保护对象,它们不应被随意改变。如同文物建筑不得被任意破坏或改动一样,作为非物质的载体,物质性的作品、成品、半成品、工具等都是展示技艺的要件,它们同时承载着识别技艺和展示技艺的功能,不应人为刻意掩盖或模糊技艺的真实呈现。所谓修饰一新、整旧如旧的做法,严格意义上说都不符合真实性原则。

又比如说活态性问题,非物质文化遗产是活态遗产,指的是非物质文化遗产在历史进程中一直延续,未曾间断,且现在仍处于传承之中。它是至今仍活着的遗产,是现在时而非过去时。一般而言,物质形态的遗产是非活态的,或称固态的,它是凝固、静止的,它是过去某一时段历史的遗存,是过去时而非现在时,如建筑遗构、考古遗址,乃至一般性的文物。然而非物质文化也并非全都是活态的,因而也不都是文化遗产,它们或许只是文化记忆,比如说终止于某一历史时期的民俗活动与节庆,失传的民歌、古乐、古代技艺,等等,虽然它们也是非物质的,也是无形的,但它们都已经成为消失在历史长河中的过去,被定格在某一时间刻度上,或被人们所遗忘,或被书写在历史文献中,它们在时间上都归为过去时。而成为活态的遗产则都是现在时,是当今仍存续的、鲜活的事项,如史诗或歌谣仍然被传唱,如技艺或习俗仍然在传承和被遵守,尽管它们在传承中也有所发展,有所变异。由此可见,活态并非指的是活动或运动的物理空间轨迹及状态,而指的是生生不息的生命力和活力。活态性也表现在非物质文化遗产在传承与传播中不断地应变,像生命体一样在与自然环境及社会环境的相互作用中不断地生长、适应与变化,积淀了丰厚的政治、经济、历史、文化、科技信息,积累了历代传承人的智慧和创造力,成为人类文明的结晶,如唐宋时期的营造技艺发展到明清时期已然发生了很多变化,但其核心技艺一脉相承,并直到今日仍被我们所继承和发扬。

再比如说整体性问题,营造技艺并非只强调技术,而应该包含营建活动的全部,"营"代表了其中的精神性活动,"造"代表了其中的物质性活动。在联合国教科文组织所列的五种非遗类型中,有一些项目是跨类型的,建筑即是如此。虽然我国现行管理体制中把建筑列入技艺类项目,但其与人类认知、民俗、文化空间等内容都有着紧密的联系,这也证明了营造类文化遗产的复杂性和丰富性,需要我们认真研究和传承。现实中没有一项文化遗产不是一个复杂的综合体和有机体,它们都具有自己的完整结构和运行规律,每一项非物质文化遗产都是由持有人、遗产本体(如技艺、表演等)、物质载体(如产品、艺术品等)、生态环境(自然与人文环境)共同构成的。整体性保护就是保护文化遗产所拥有的全部内容和形式,对非物质文化遗产的科学保护意味着对其相关要素进行全面保护,否则就难以实现保护的初衷,难以取得成效。营造技艺保护在整体性方面可谓表现得尤为典型。

中国非物质文化遗产是按照分类进行专项保护的,但许多遗产在实际存续状态中往往涉及多种类型,如不强调整体性保护,很可能造成遗产被割裂、分解,如表演艺术中的戏剧、曲艺,大多涉及文学、音乐、舞蹈、美术以及民俗。仅以皮影为例,就涉及说唱、美术、制作技艺等,只有整体保护才能取得成效。不仅如此,除去对遗产本体进行保护外,还要对其赖以生存的生态环境予以保护,其中既包括文化生态,也包括自然生态。就营造技艺而言,整体性保护意味着对营造技艺本

体进行全面保护,即包括设计、建造、技术、工艺等各个方面。中国古
代建筑的设计与建造是一个整体的两个方面,不可分割;不像现在,设
计与施工已经完全是两个不同的专业领域。"营造"一词中的"营",之
所以与今天所说的建筑设计有差异,主要在于它不是一种个体自由创
作,而是一种群体性、制度性、规范性的安排,是一种集体意志的表达,
同时本质上也是一种技艺的呈现形式。其实,任何一种手工技艺都含
有设计的成分,有的还占据技艺构成的重要部分,如青田石雕、寿山
石雕等。相比之下,营造方面的"营"包含的设计内容更为丰富,更为
复杂。

　　对营造技艺的全要素进行整体性保护,需要打破物质与非物质、
动态与静态、有形与无形的界限,正确认识它们之间的相关性。它们
常常是一枚硬币的正反面,保护一方面的同时不应忽略另一方面。虽
然我们现在强调的是针对非物质文化遗产的保护,但随着对文化遗产
整体观认识的不断深化,我们必然会迈向文化遗产整体保护的层面,
特别是针对营造技艺这类本身具有整体性特征的遗产对象。整体性
保护与活态性相关,即整体保护中涉及活态(动态)与静态保护的有机
统一。这里的活态保护主要不是指传承人保护,而是强调一种积极的
介入性保护手段,即将保护对象还原到一个相对完整的生态环境中进
行全面保护,这需要我们在一定程度上打破禁锢,解放思想,进行创
新。现在有很多地方尝试进行一定的活化改造,即集中连片或成区片
地整体保护传统街区、村落、古镇,同时保护与之相关的自然与人文生
态,包括原有的地域性生活样态,如绍兴水乡、北京南锣鼓巷街区、川
(爨)底下古村落等,都在力争保持或还原固有的风貌、风情、风俗,这
是一种生态性的整体保护策略,是整体保护理念的体现。

　　在理论探索的同时,营造技艺的保护实践也在逐渐系统化和科学
化,各保护单位和社会团体总结出了诸如抢救性保护、建造性保护、研
究性保护、展示性保护、数字化保护等多种方式。

抢救性保护主要指保护那些因自身传承受到外部环境冲击而难以为继，需外力介入才能维持存续的项目，其保护工作主要包括对技艺本体进行记录、建档、录音、录像等，对相关实物进行收集整理或现状保存，对传承人进行采访，系统整理匠谚口诀，建立工匠口述史档案，给生活困难的传承人以生活补助或改善其工作条件，等等。

建造性保护是非遗生产性保护的一种转译，传统技艺类项目原本都是在生产实践中产生的，其文化内涵和技艺价值要靠生产工艺环节来体现，广大民众则主要通过拥有和消费其物态化产品来感受非物质文化遗产的魅力。因此，对传统技艺的保护与传承也只有在生产实践的链条中才能真正实现。例如，传统丝织技艺、宣纸制作技艺、瓷器烧制技艺等都是在生产实践活动中产生的，也只有以生产的方式进行保护，才可以保持其生命力，促使非遗"自我造血"。相对一般性手工技艺的生产性保护，营造技艺有其特殊的内容和保护途径，如何在现有条件下使其得到有效保护和传承，需要结合不同地区、不同民族、不同级别的文化遗产项目进行有针对性的研究和实践，保证建造实践连续而不间断。这些实践应该既包括复建、迁建、新建古建项目，也包括建造仿古建筑的项目，这些实质性建造活动都应进入营造技艺非物质文化遗产保护的视野，列入保护计划中。这些保护项目不一定是完整的、全序列的工程，可能是分级别、分层次、分步骤、分阶段、分工种、分匠作、分材质的独立项目，它们整体中的重要构成部分都是具有特殊价值的。有些项目可以基于培训的目的独立实施教学操作，如斗拱制作与安装，墙体砌筑和砖雕制作安装，小木与木雕制作安装，彩画绘制与裱糊装潢，等等，都可以结合现实操作来进行教学培训，从而达到传承的目的。

研究性保护指的是以新建、修缮项目为资源，在建造全过程中以研究成果为指导，使保护措施有充分的可验证的科学依据，在新建、修缮项目中和传承活动中遵循各项保护原则，将理论与实践相结合，使各保护项目既是一项研究课题,也是一个检验科研成果的实践案例。实际上,我们对每一项文物修缮工程或每一项营造技艺的保护工程,在实施过程中都有一定的研究比重,这往往包含在保护规划、保护设计中,但一般更多的是为了满足施工需要,而非将项目本身视为科研对象来科学系统地做相应的安排,致使项目的宝贵资源未得到充分的发掘和利用。在研究性保护方面,北京故宫博物院近年启动了研究性保护的计划,即以"技艺传承、价值评估、人才培养、机制创新"为核心,以"最大限度保留古建筑的历史信息,不改变古建筑的文物原状,进行古建筑传统修缮的技艺传承"为原则,以培养优秀匠师、传承营造技艺、探索保护运行机制等为基本目标,探索适合中国国情的古建筑保护与技艺传承之路。

随着第五批国家级非物质文化遗产代表性项目名录推荐项目名单的公示,又将有一批营造技艺类保护项目入选名录,相应的研究和出版工作也将提上议事日程,期待"中国传统建筑营造技艺丛书"第三辑能够接续出版,使我们的研究工作即便不能超前,但也尽力保持与保护传承工作同步,以期为保护工作提供帮助,为民族文化遗产的传播做出切实的贡献。

刘　托

2021年1月27日于北京

前　言

　　乐平是赣剧的发源地之一,戏曲文化历史悠久,底蕴深厚,用于戏曲表演的乐平古戏台在当地占有重要而独特的历史地位。调查显示,乐平现存明清以来的传统戏台近500座,每座戏台可谓结构巧妙,装饰精美。作为民间戏台建筑,无论是从建造的数量还是从建筑的体量来看在全国都是罕见的,这充分体现了乐平古戏台建筑艺术的繁盛。2019年1月,乐平被中国民间文艺家协会命名为"中国古戏台之乡",这无疑是对乐平古戏台建筑艺术的高度评价和褒奖。

　　乐平人钟情于看戏,民间戏曲长久兴盛,作为传统戏曲载体的戏台,其兴建情况更是千年不衰,成为与戏曲并驾齐驱、血脉相连的独特建筑艺术。根据文献记载和出土的文物考证,元代时,乐平已经出现了具有一定规模的戏台;明清之际,古戏台在数量上急剧增加;自清代开始,戏台建筑装饰渐趋精美且极尽富丽之能事,建筑规模也更加宏大。同时,戏台的建筑类型和形制随时代的更迭和戏曲文化的交流发展,也在逐渐发生变化。乐平现存的多为祠堂台和万年台,以及由祠堂台和万年台相结合演变而来的晴雨台。乐平古戏台是融建筑学、美学、力学、声学和堪舆学于一体的珍贵民族文化遗产,它们所凝聚和折射出的民族文化特征,正是当地村众赖以生存和发展的精神根柢。现存的462座不同时期建造的戏台,其营建之密集,受众之多广,建筑之宏美,在全国乃至世界文明史上都是难得一见的。

　　乐平古戏台传统营造技艺,是古代匠人长期实践、祖祖辈辈传承下来的珍贵民族文化遗产,凝结着他们的智慧和创造力。经过不断的发展、完善,古戏台营造技艺形成了极其鲜明的特色,它不但集中反映了当时社会的生产力和科学技术水平,也展现出乐平匠人对戏台建筑的整套设计程序。乐平古戏台营造技艺既包括了建筑物木构架体系的营造,如大木构件、小木构件的加工和制作工艺,各木构件的搭接与组合技术等,也包括了古戏台的地基、台基、墙体等建筑基础体系及围护体系的营造,还包括营造过程中的民俗活动、文化仪式、民间信仰等内容。研究古戏台营造流程,各木构件的功用、特点、制作和加工技艺等,可以使我们深入了解乐平古戏台的形制、结构,营造中的选料、放样及构件榫卯结合技术等。

　　本书作者结合前人的研究成果和自己的调研、考察结果,以图文结合的方式系统阐述了乐平古戏台的缘起与环境影响、建筑形制及艺术特色、建筑材料与工具、传统营造技艺、装饰工艺、传统营造技艺的传承与保护等六个方面的内容,重点梳理了各重要木构件的特点和加工工艺、营造的流程和装饰工艺,并就某些问题提出了自己的见解。

　　由于作者考察、调研有限和参考的资料不够全面,书中还有很多不足之处,但此研究成果对于古建筑研究者、文史工作者、古建筑专业的师生、从事古建筑修复的施工人员等来说,依然有一定的参考价值。

目　　录

第一章　乐平古戏台的缘起与环境影响 ················· 1

　第一节　传统习俗与古戏台 ···················· 2

　第二节　自然环境对古戏台营造技艺的影响 ·········· 14

　第三节　社会人文环境及其对古戏台营造技艺的影响 ······ 17

　第四节　乐平古建筑与徽州及周边地区传统建筑之间的关系 ··· 24

第二章　乐平古戏台的建筑形制及艺术特色 ·········· 29

　第一节　乐平古戏台的类型及演变轨迹 ············· 30

　第二节　乐平古戏台建筑形制分析 ··············· 60

　第三节　乐平古戏台的平面形式与艺术特色 ·········· 64

第三章　乐平古戏台建筑材料与工具 ············· 67

　第一节　古戏台建筑匠作与营造分工 ············· 68

　第二节　传统建筑材料与工具 ················· 70

　第三节　现代建筑材料与工具对传统营造技艺的影响 ······ 83

第四章　乐平古戏台传统营造技艺 ················ 89

第一节　戏台营造前的准备 ················ 90

第二节　戏台的基础处理 ················ 92

第三节　大木构件的制作和安装 ················ 96

第四节　木构架的做法与特点 ················ 109

第五节　戏台屋顶的特点与做法 ················ 119

第六节　戏台墙体的砌筑 ················ 124

第七节　戏台装修与维护 ················ 129

第五章　乐平古戏台的装饰工艺 ················ 141

第一节　雕刻工艺 ················ 145

第二节　油漆和贴金工艺 ················ 155

第三节　匾联工艺 ················ 163

第六章　古戏台传统营造技艺的传承与保护 ················ 173

第一节　戏台营造的文化习俗 ················ 174

第二节　古戏台传统营造技艺的价值 ················ 193

第三节　传统营造技艺的传承人与传承谱系 ················ 195

第四节　传统营造技艺的传承现状与保护对策 ················ 200

第一章
乐平古戏台的缘起与环境影响

第一节　传统习俗与古戏台
第二节　自然环境对古戏台营造技艺的影响
第三节　社会人文环境及其对古戏台营造技艺的影响
第四节　乐平古建筑与徽州及周边地区传统建筑之间的关系

乐平是一座千年古邑,自宋代以来,很少被战祸波及,人民安居乐业。富庶的经济和稳定的社会环境造就了乐平悠久灿烂的地方传统文化,同样造就了乐平独具特色且极为繁荣的赣剧和戏台文化。据2018年对全市戏台调查统计,在乐平1973平方千米的土地上,确证有戏台462座,其中明清时期的有79座,民国时期的有59座,新中国成立之初的有30座,"文革"中改建的有76座,改革开放后至今有218座。其中,国家级保护单位1座,省级保护单位10座。乐平古戏台因数量众多、结构精巧、造型别致、艺术风格独特而被建筑专家誉为"中华一绝"和"江西最具特色的文化遗产",乐平也因此被称为"中国古戏台博物馆"。乐平古戏台数量如此之多,规模如此之大,其兴起与发展是多方面因素共同作用的结果。

第一节
传统习俗与古戏台

一、地方传统习俗

乐平在旧石器时代已有人类活动的记录。春秋战国时期先后隶属于吴、越、楚,初属番邑,后属余干县。秦统一中国后实行郡县制,乐平属九江郡余干县。东汉光和元年(178年)建置乐平县。因县城"南临乐安江,北接平林"而得名"乐平"。辖区包括今乐平、德兴全境和婺源、万年两县部分地区。

由于受地域文化的长期影响,加上地处浙赣皖的交会区域,使得乐平的民俗具有明显的江南特征。自古以来,乐平民众生活相对安定,每个村庄的族姓也相对固定,经过历史的积淀,民众的生活习俗也就自成体系,绵延千百年,形成了具有鲜明乐平特色的民俗风情。乐平人非常注重礼仪,好客、重感情的特点尤为明显。比如,乐平一直以来有"走亲"的习俗,且对此极为重视,远远超过周边县市。走亲的内容也极为丰富,红白喜事走亲,送生日、送满月、祝寿诞、贺上梁也走亲。走亲过程中最重要的一个环节就是演上一场大戏,亲朋好友共享其乐。在这种约定俗成的你来我往中,乐平民间处处洋溢着浓浓的亲情,亲戚邻里之间一片祥和之气。而这些丰富的走亲内容也成为请戏班子演戏的理由,名目数不胜数。

乐平在传统时令节日方面的习俗也极具地方特色。在早期自给自足的农耕社会,制约农耕文化的自然条件是四季变化,春、夏、秋、冬四个季节制约着中国古人的生产节奏和生活节奏。在生产节奏方面,最为主要的是春种秋收;在生活节奏方面,最为主要的则是与春种秋收相适应的春祈秋报。春祈秋报是以"社"为单位,对于天地、五谷、祖先的祭祀活动,这些活动往往以轰轰烈烈的赛社活动来呈现。[①]在乐平民间,作为一年开端的立春这天要举行迎春祭神仪式,以祈求本年度风调雨顺,六畜兴旺,百姓安居乐业。又如冬至,也是乐平民间极为重视的节日。在冬至这一天,各村寨会以姓为族,把同姓花甲以上的老人邀请到村中的祠堂,宴请老人,表达敬老之意(图1-1)。这一天还要开宗祠祭祖,并在祠堂里举行祭祀大典。悼念祖宗,就免不了要用歌舞戏曲献祭给祖宗,请戏班子演戏及在祠堂里搭建戏台也就成为必

---

① 王廷信:《节日民俗与中国传统艺术精神》,《中国文艺评论》,2017年第2期。

图1-1 祠堂吃酒现场(图片来源:《中国乐平古戏台大全》)

须要做的活动。另外,一年四季十二个月份,在乐平几乎每个月都有酬神应节的戏曲娱乐活动。每个节令根据节气的内涵和酬谢神灵的不同而有相对固定的剧目,如正月的花朝戏、元宵戏,二月的娘娘戏、土地公公戏、目连戏,三、四月的鸣山公、胡老爷等菩萨戏,五、六月的端阳戏、划龙船戏等,一直到十二月,所演剧目不胜枚举。此外,还有破台戏、开谱戏、婚庆寿典戏、宗亲酬答戏等(图1-2),戏台已经成为必不可少的公共文化空间。

图1-2 乐平做谱戏(图片来源:乐平古戏台文化发展商会)

无论是乐平民间的走亲，还是乐平的传统节日庆祝和祭祀习俗，以及民间节气酬神习俗，都离不开公共聚集、庆贺，而最佳的庆贺方式便是请戏班搭台唱戏。民众对戏曲的热衷、喜爱，为听戏、看戏奠定了一定的社会基础，也对乐平民间戏曲的繁荣和发展及乐平戏台的兴建和繁盛都起到了极大的推动作用。

｜ 二、传统民间信仰 ｜

　　乐平是汉民族的聚集地，因而乐平民间的信仰具有典型的汉民族特征。诸如自然崇拜、祖先崇拜、诸神崇拜、图腾崇拜等汉民族共有的民间信仰形式，在乐平民间都有一定的表现，可谓"众神齐聚"。这些对不同鬼神的崇拜观念来自古代"万物有灵"的朴素世界观。这些民众信仰并不是为了崇高的精神追求或者宗教世界观，而是为了现实的生活需求，希望得到诸神、祖先的帮助。因此，在这种观念下，乐平的民间信仰五花八门，不拘一格，民俗风情千姿百态，比较明显和突出的表现有以下几方面：

1. 对天的敬畏与崇拜

　　在中国传统文化里，天是自然之本、万物始祖。天与地在乐平民间历来是人们心中地位最高的自然神。虽然"天"是一个抽象的概念，是一个宏大的臆想，民众无法为它建专门的祠庙，但它自古以来就深受乐平先民的崇拜。过春节时，百姓每家每户在自家的厅堂上方要贴"香火"，香火的内容是：中间为"天地国亲师位"，"天"放在首位，两边为"某氏祖先""高贞香火"。

2. 对大地的膜拜

在乐平,人们往往将天地同祭。唐代以后,土地神开始在乐平民间被人格化,被称为"土地公公",人们称其为管辖一方土地的人格神。从明代开始,在乐平农村大建土地庙(图1-3),土地庙多以砖石垒筑,顶部盖瓦,大小不一,较为简单。有的则借鉴民居建筑的样式,内部结构稍许复杂,尽可能做到麻雀虽小,五脏俱全。乐平几乎每个自然村都建有土地庙,甚至有的村庄一村就建有4座土地庙(如乐平临港镇古溪村)。逢年过节还会上演与土地神相对应的"土地公公戏"。

图1-3 乐平后港镇下屋头村土地庙
(图片来源:"乐平在线")

3. 对祖先的崇拜

祖先崇拜是民间基于相信死去的祖先的灵魂仍然存在,仍然会影响到现世,并且对子孙的生存状态有影响的信仰。明代民间家庙祭祀合法化之后,祠堂建筑在南方盛行,乐平地区风气尤盛。在乐平民间历史上,家家都要对祖先进行祭祀、供奉。每个宗族都要选建祠堂,将宗族历代祖先的牌位供奉在祠堂内供族人祭拜(图1-4)。通过这样的形式,潜移默化地使人服从自己所属的宗族,使人各安其位,从而促进氏族内部的和平与稳定。宗祠是祖先灵位的安放地,乐平的民间信仰中又喜用演戏来表达他们对神灵的敬畏,也表示对祖先的追思,因此演戏具有强烈的娱神娱祖的意味。乐平民间祭祖是头等大事,传统上有四大祭祖节日,即清明节、中元节、重阳节、除夕,这些时节演戏娱祖成为必然。

图1-4　祠堂里放祖先牌位供族人祭拜

（图片来源:《中国乐平古戏台大全》）

4. 对佛教和道教的信仰

在乐平,对民间有着重要影响的宗教主要是佛教和道教。据记载,佛教传入乐平有1 700多年的历史,在东晋大兴二年(319年)乐平县城就建有安隐寺。现全县有踪迹可循的寺庙有61座。佛教的各神灵是民间信仰神灵体系的重要来源,其教义的某些方面往往为民间信仰所采纳和借鉴。乐平当地典型的"扬菩萨",即是对佛教中菩萨的信仰。"扬菩萨"是指抬着菩萨游行,为菩萨过生日,每年各村都会在特定的日子举行;并且在"扬菩萨"结束后,村中还会请戏班子唱戏,场面热闹。

除了对民众生活的影响外,佛教的信仰对民间戏曲的影响也是显而易见的。"目连救母"的戏剧故事来自佛教,且千百年来与中国戏剧相伴始终,被称作"戏祖""戏娘",可以说是中国民俗文化中的一个典型代表。在乐平地区,目连戏的演出极为盛行,并且在流传过程中有明显的地方性和民俗性特征。据载，到了20世纪20年代，在乐平饶河戏班能打目连的，必是大班名班，演员要多、武功要好，而且连演七晚的戏文全是高腔（弋阳腔）。对演目连戏的戏班子要求如此之高，足见乐平民众对佛教题材的重视。

江西是道教的起源地之一，道教胜迹遍布全省。东汉末年，第四代天师张盛从四川来到龙虎山定居，创立天师道龙虎宗，龙虎山因此成为重要的道教中心。乐平距龙虎山仅百余千米，因此受到道教的影响是必然的。道教文化在历史进程中与乐平的传统文化相互影响和融合，其中最为典型的自然是戏曲和戏台文化。以道教故事为题材的民间戏曲或在戏曲中加入道教里的神仙元素，更能吸引观众，获得观众的喜爱。在乐平民间戏曲舞台上，道教剧目占有很大的比重。而将道教中的神仙、传说引入戏台的建筑形式或装饰中，则可以求得对族人的庇佑，因此道教题材成为乐平匠人广泛采用的主题之一（图1-5）。

图1-5　戏台上佛教、道教题材的彩画（图片来源：《中国乐平古戏台大全》）

无论是佛教还是道教，其中都有诸多的神灵，百姓对众神灵都心怀敬畏，所以在乐平才出现了月月都要演戏，以演戏来实现酬神应节。所酬之神既有民间供奉的神灵，又有佛道推崇的菩萨、神明，如佛教剧里的观音戏、地藏王戏、周公菩萨戏等,道教剧里的许真君戏、三仙戏、李老君戏等,这些都是带有强烈宗教意义的戏剧。原本庄严肃穆、需要虔诚面对的宗教祭祀活动,通过与轻松活泼、轻歌曼舞的戏曲的融合,为普通大众所喜爱,极大地丰富了原本文化生活贫瘠的农村生活。

另外,从建筑形象来看,凡是看过乐平古戏台的人都不难发现其受佛教思想和佛教建筑的影响很大。戏台主要开间的正上方有莲花瓣或螺旋状的藻井,应该是受到了佛座和佛髻的启示;鳌鱼来自观音的传说;而那飞檐下的风铃铁马,当是来自梵宫寺院。另外,戏台的柱础石雕图案大多是莲花或者覆莲的形状,这与佛教建筑极为相似。因此,戏台的局部构件给我们直观的感受是:乐平古戏台是民间信仰和佛教、道教的完美结合,是宗教色彩的混合体。

综上所述,民俗生活影响着民间信仰的形成和发展,民间信仰又始终影响和贯穿在民众的日常生活中。民俗生活和民间信仰相互影响、相互作用,极大地丰富了乐平传统民间文化的内涵。千百年来,乐平地区形成的一系列的民间信仰活动,如以上提到对天、地的信奉,对家祖的崇拜及因此定期举行的宗族祭祀活动、宗教的信仰等,都为戏曲的发展奠定了深厚的基础,也成为催生古戏台的重要因素。祭祀活动的开展还决定了戏台(祠堂台)的平面形制,在以四合院围合形式的坐北朝南(多数)的祠堂中举行的无论是对天、对地还是对祖先神灵的各种祭祀仪式,都是在祠堂最后方的后寝(祭厅)中进行的。这体现了中华传统文化中"礼"的概念,仪式需要在"礼"的空间中举行,以示对祖先、神灵的尊重,那么与其相对的戏台就代表了"乐"的概念,这是中国古老的文化传统"礼乐"的体现。没有礼,这一切就失去了意义;没有乐,礼就不能得以完成。所以"礼以兴之,乐以成之"。祠堂戏台的平面形式与中国传统的礼乐思想完美呼应。

三、宗族意识

乐平古戏台的大量兴建和存在,源于一个重要的社会根基,即氏族宗法血缘传统的影响。中国古代村落主要是以血缘关系为纽带、以宗族制度为基础形成的。在乐平农村始终保持着氏族宗法文化,无论是大村落还是小村落,大多聚族而居,同姓一村,各占一方,特别强调族群意识,对宗族血缘极为看重和依赖,并通过宗谱(图1-6)和祠堂不断得到强调和加固。乐平人对本族定居的村落地界及其所有的土地、山林、水域有一种天然的认同感和所有权意识,一旦认为本族利益受到来自邻村邻族的侵犯,就会产生激烈的反应。在漫长的历史变迁中,族群之间相互竞争,宗族势力此消彼长,加上争强好胜、不甘人后的族群文化根深蒂固,使得宗族械斗时有发生。常年的争斗严重影响了基层民间社会的稳定,给民众造成了极大的生命和财产损失。为了教化和引导民众积极向善、和睦相处,让历史上曾经发生过械斗的族群冰释前嫌,同时,把争强好胜、不甘人后的族群意识从恶性争斗引导到良性互动的竞争中来,宗族中的有识之士开始大力宣扬戏剧文化。对于没有知识和文化的目不识丁的族人来说,戏曲中演出的故事能对他们起到良好的教化作用。探究乐平民俗文化历史可以发现,民间戏曲在这一方面着实起到了很好的正面引导作用。彼时的宗族实力、族群之间的相互攀比和争斗也不再通过械斗,而是以另外一种形式呈现出来,明着攀比、暗里较

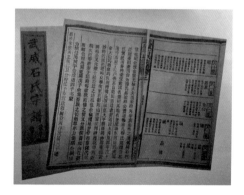

图1-6　乐平菱田石氏宗谱
（图片来源:乐平市古戏台博物馆）

劲在戏台的兴建上表现得淋漓尽致。在乐平民间流传这样一个故事：镇桥神溪华家的戏台建成后，台上正中央的匾额上题的是"顶可以"，自满中隐藏着自傲；镇桥浒崦戏台落成后，不甘人后地题上"久看愈好"；镇桥徐家戏台匾额为"百看不厌"，其中更是有一种自满自得的情绪。从中可以看出，争强好胜、不甘人后的乐平先民的传统族群意识，在古戏台的营造中得到了有效的宣泄和释放①，同时也成为戏台越建越精美华丽的原因之一。

乐平强烈的宗族意识还体现在续族谱、祭祖宗上。续修族谱是宗族中的大事，环节复杂而隆重，也恰恰是这烦琐的修谱仪式深刻体现出了乐平族人对宗族的重视和心中强烈的宗族观念。每逢修谱或祖先祭日，宗族必举行祭祖活动，此时免不了用歌舞戏曲献祭，以表达他们对祖先的追思。于是在祠堂内搭建戏台成为必要之举，这也导致了乐平乡村"有宗必有祠，有祠必有台"。祭祀之时，戏台开戏，族人与祖先同乐，如此成就了乐平早期的祠堂台。祠堂台是戏曲活动的重要载体和场所，也是氏族祭祀、修谱、社交、议事和施行族规家法之地，是宗族重要的"新闻"发布场所。因此，村族里的主姓村民自发集资建造戏台，并力求巍峨雄伟。由此可见古戏台在乐平人心目中的地位。走进乐平乡村去观赏古戏台，人们可以强烈感受到，古戏台一座比一座精美、宏伟。

｜ 四、传统戏曲与古戏台 ｜

乐平被誉为"中国古戏台博物馆"，乐平古戏台被称为"江西最具特色的文化遗产"，并不仅仅是因为戏台建筑本身，也因为乐平是"中国戏曲之乡"。千百年来，乐平民间始终保持着对戏曲的钟情与热爱，

---

① 徐进：《话台言戏——传统文化视阈下的乐平古戏台与民间戏曲》，江西人民出版社，2017年。

从最早的南戏、元曲、昆山腔、弋阳腔到乐平腔、饶河戏再到赣剧,这种全民参与、经久不衰的戏剧情怀,催生了越来越多的古戏台。小小的古戏台成为乐平地区经济、文化发展的缩影,是承载民众情感的重要载体。古戏台和传统民间戏曲相得益彰,互相依存和促进。

南戏是最早成形的戏曲形式,被称为"中国百戏之祖",其始于宋代,延续至元末明初,是12—14世纪在中国南方地区最早兴起的戏曲剧种。罗德胤在《中国古戏台建筑》中也提到,元末明初,北杂剧开始衰落,南戏则得到进一步发展。史料表明,早在南宋中期,在浙江地区创立和发展起来的南戏就已流入江西,尤其在赣东北地区盛行。戏曲文化在景德镇及其周边地区广为流传,逐渐成为百姓生活的一部分,而与景德镇相隔50千米左右的乐平则是颇负盛名的"戏窝子"。千百年来,乐平民间始终保持着对戏曲的钟情与热爱,戏班子、戏曲民间艺人常年奔波于各大村庄之间进行巡演且乐此不疲。

戏曲可以使人们获得一份闲情逸致,求得情感上的寄托,人们可以在看戏时与亲朋好友欢聚,畅叙友情和亲情(图1-7)。通过戏曲,缺少教育机会的村民可以获取历史知识。人们在接受这些知识的同时,无形中提高了对艺术的鉴赏能力。乐平人对戏曲文化的喜爱,使得人

图1-7 台下观戏,人潮涌动

们营建戏台的热情持续高涨。

随着戏曲的不断发展,戏曲表演对戏台建筑也提出了更高的要求,戏班人数的扩大和服装道具的增加,促使戏台在构架上有了前台、后台之分。后台逐渐扩大,有的甚至超过了前台的面积,前台、后台之间用固定或非固定的隔断进行分隔,隔断两侧又分别设置上场门、下场门以供演员上下场之用。

明清时期是乐平戏曲、戏台发展的高峰期,戏曲表演角色的增多,导致一部分戏台的面阔不断扩大并发展为三开间甚至五开间,戏台建筑形制逐渐发生变化。通过翻阅文献、查看实物,可以发现乐平古戏台在嘉庆至道光年间,建筑形制上变化较大。例如,原先的祠堂台那种狭小的舞台场地和看场空间,既不便于演出大戏,又容纳不了更多的观众。因此,乐平先人创造性地建造了一种双面台,以满足规模较大的戏班和民众的看戏要求。可见戏曲表演对戏台建筑的推动作用是明显的。但是,我们又发现这种推动作用并非毫无限度。乐平古戏台建筑发展到明清以后,虽形制上有变化,但尺度和结构方面没有较大的革新。所谓"三五步遍天下,一二人百万雄兵"和"扬鞭以示骑马,划桨以示行舟",说明戏曲表演的特征是在戏台上只提供尽可能少的演员和尽可能精简的道具,再配以演员表演的程式化舞蹈动作,其余的就只能靠观众去想象、去补充了。另外,明清时期戏台在装饰上更趋美观和华丽。戏台的建筑装饰多与结构功能脱离,有的极为繁复。从乐平现存的明代涌山昭穆堂古戏台、清代的车溪敦本堂戏台到后来的镇桥镇浒崦戏台,可窥一二。

乐平地区戏曲艺术的发展态势,很大程度上决定了戏台的营建态势。明清时期是戏曲交流和发展的高峰期,乐平现存的79座明清古戏台可与之相佐证。随着赣剧在乐平的形成和发展,乐平古戏台更是成为与赣剧血肉相连、并驾齐驱的独特的建筑艺术。因此,综合看来,江西戏曲与其他声腔剧种之间的交流,促使了彼此的进步,推动了戏曲的繁荣发展。这种繁荣又深深地烙印在乐平古戏台建筑艺术中,众多华丽的戏台便是乐平戏曲艺术繁荣的写照。

现在乐平人民对看戏的热爱和痴迷程度有增无减,随着时代的发展和乐平人口的不断增长,戏台的数量也在逐年增加,加之村族之间的攀比,许多人认为破旧或者矮小的戏台有损村族的颜面,戏台也是常修、常建、常新。早先的戏台规模已经无法满足当下人们对看戏的需求,加之一些大型戏曲剧目的演出需要,现在的戏台规模越来越大,气势更加恢宏。据了解,当前乐平新建的最大戏台花费甚至有四百万元之多。戏台建筑的不断兴建与修复,使得戏台木作传统营造技艺得以延续、传承和发展。

乐平古戏台营造技艺,从孕育、萌芽到成形经历了漫长的路程。促使这一技艺生成的因素虽然有很多,但不妨碍我们循着自然环境因素和社会人文因素两条基本脉络对其做一番梳理。同时,除去自然环境因素和社会人文因素的影响,由于乐平所处地理位置的特殊性——地处饶州却又邻近徽州,又使得我们不得不探究在全国具有重要影响的徽派建筑体系与其之间的关系。

第二节
自然环境对古戏台营造
技艺的影响

乐平市位于赣东北部腹地,东邻婺源(古徽州六县之一,今属江西上饶市,离乐平仅70余千米)、德兴,南接弋阳、万年,西毗波阳,北靠景德镇市昌江、鹅湖区,总面积近2 000平方千米。自唐以来,乐平便极少遭遇战乱,当地百姓得以休养生息,发展经济。宋代以后,国家经济中心不断南移,乐平的农业经济更加发达。宋人权邦彦在其诗作《乐平道中》中写道:"稻米流脂姜紫芽,芋魁肥白蔗糖沙。村村沽酒唤客吃,并舍有溪鱼可叉。"此诗语言平淡朴实,从诗的内容也可以看出,宋时的乐平,物产丰腴、富饶,民众生活俨然是小康水平了。结合乐平的地理位置来看,这首诗应该没有过多粉饰的动机。如此优越的物质条件,加之乐平所处之地交通便捷,故自给自足的小农经济在相当长的历史时段内都较为发达(图1-8)。"富而思乐",这自然而然为古戏台的营建和繁荣夯实了物质基础。乐平又属于赣东北丘陵山区西端和鄱阳湖盆地东缘之间的过渡地带,山丘一般不高,山势也较和缓,山丘和平原相互交错,地势高低起伏不大,这就使得乐平在兴建戏台时有足够的平缓地域,为大规模兴建戏台提供了良好的自然条件。

　　自然环境对当地建筑的影响甚大,任何建筑都是受制于地形、气候和建筑材料的。在材料上需要借助当地的资源,在建筑形制和结构上要适应当地气候和地形,营造的技艺也与建筑材料和气候、地形息

图1-8　流经乐平境内的乐安河(图片来源:航程)

息相关。乐平全县总面积中,山地占 50.3%,耕地占 19.6%,村庄、道路等占 19.3%,水域占 10.8%,基本上是"五山一水二分田,二分道路和庄园"的自然风貌。①乐平的地质条件有利于高大树木的生长,有着丰富的建造戏台所必需的木材资源,如杉、松、香樟、椿、栎等树种,尤其是樟木资源"甲于他邑"。乐平属于低山丘陵地带,多石灰岩。乐平境内石灰石分布很广,储量大,品位高,易开采,适于生产石灰。也正因为有如此丰厚的地质条件,乐平古戏台在处理地基时可以做到就地取材,将当地的石灰石与沙、碎石子、白灰配合使用,并采用传统的砌筑方式砌成牢固的地基。传统的材料和传统的砌筑方式可以使得戏台屹立几百年不倒,相较现代的做法和钢筋水泥材料要经久耐用许多。

乐平地处亚热带季风湿润气候,年平均气温 16.6~17.6 ℃,年降水量 1 670 毫米,具有典型的江南特色。每年的二、三月份和七、八月份为当地降水量较高的月份,空气湿度大,且一年四季中以夏季为最长,春秋季时间较短。乐平当地的民居、祠堂建筑为适应这种温暖湿润的气候,堂屋采用敞厅方式,并向天井开放。戏台建筑坡屋顶出檐较深,以防止雨水对由梁、立柱等木构件的冲刷。由于深出檐的做法会影响戏台的采光,针对这种情况,戏台采用更陡、更翘的飞檐翘角,可以获得更多的采光。

由于乐平常年雨水充沛、空气湿润,戏台主体又以木结构为主,因此搭建戏台基座时必须要考虑防潮、防腐。针对这种情况,乐平古戏台台面以下基本为架空层,架空层内的地面常用三合土夯实。在地面上置石质基或砖基,为了防潮,架空层四周常砌筑砖石,形成戏台的台基,其高度一般约为1米。还有少数戏台与上述做法不同,如有的架空区域可直接作为入口空间,在不进行戏曲演出的时候,台板拆卸下来

---

① 乐平县志编撰委员会:《乐平县志》,上海古籍出版社,1987年。

成为一条供人群进出宗祠的通道。戏台底部的空间空气流通良好,避免了柱子受潮损坏。乐平的自然环境客观地影响了古戏台建筑的形态与特征,形成了古戏台及其营造技艺的一些鲜明特点。

第三节
社会人文环境及其对古戏台
营造技艺的影响

｜ 一、悠久而稳定的社会环境 ｜

乐平至今有 1 800 多年的置县历史,人文环境优越,东临南宋哲学家朱熹的故乡婺源,西接饶河戏中心鄱阳,南邻弋阳腔发源地弋阳,北抵历史文化名城景德镇。周边地区先进的文化和发达的地方经济,极大地带动和促进了乐平地区的发展。自宋代以来,乐平便很少遭受战乱的影响,当地百姓生活较为安定,经济一直相对稳定和发达。洪迈所著的《容斋随笔》中写道:"江西既为天下甲,而饶人(含乐平)喜事又甲于江南。盖饶之为州(含乐平)壤土肥而养生之物多,其民家富而户羡,蓄百金者不在富人之列。"清初名臣范文程曾撰文赞扬乐平"乐之土衍以沃,乐之人文以介,乐之俗质以厚",足见乐平富庶与祥和。稳定的社会环境和优渥的经济生活为当地人才成长和文化发展创造了条件。

二、璀璨夺目的历史文化名人

乐平历史上曾经产生过"一王,二侯,三驸马,四位一品左右相,五名状元、榜眼和探花,还有300进士郎",这足以证明乐平人才辈出,文化土壤肥沃。在浩瀚的历史文化星空中,乐平历史文化名人璀璨夺目。乐平历史上"洪公气节、马氏文章"曾是不朽的佳话,也是乐平传统文化的标志。

洪皓(1088—1155),江西乐平人,在国家和民族处于危难之际,以天下为己任,怀康国济民之志,秉忠孝节义之风,积极入仕,谱写了人生和家族的光辉篇章,是北宋著名的爱国重臣。在南宋任礼部尚书时,他出使金国,被扣留在荒漠15年,坚贞不屈,全节而归,被誉为"史上第二个苏武"。洪皓之子中尤以洪适、洪遵、洪迈闻名天下(图1-9)。长子洪适有古文字学专著《释隶》闻名于世。次子洪遵著古钱币学专著《泉志》。三子洪迈撰有《容斋随笔》,此著作格调高雅,议论精辟,考证准确,被历代名人誉为"垂范后世"的佳作。

马端临(1254—1323),宋元时期著名的历史学家,也是江西乐平人。他为谋求治国安民之术,潜心治史,闭门著述中国古代典章制度方面的集大成之作《文献通考》,与《通典》《通志》合称"三通",且被誉为"三通之首",史学家称他为"历史考证的奠基人"。

图1-9 洪皓及子洪适、洪遵、洪迈四人画像

乐平的"洪马文化"声名远播,成为乐平历史文化名人心中的楷模,也为形成乐平浓厚的文化氛围起到了引领作用。中国历史文献研究会理事、北京师范大学历史学研究所朱仲玉教授著文阐述乐平人才勃兴的社会条件,指出:"在江西占地面积不大,在全国更属小地方的乐平,在宋代乃至明、清,可谓人才辈出,并且所出人才在全国也是属于第一流的……若论所出人才的政治地位和学术地位,远在邻县之上。"著名历史学家姚公骞教授也撰文说:"乐平素称文物之乡,出了不少人才,可谓代不乏人。"乐平历史上有很大文化影响力的历史名人,还有元代在全国享有盛名的杂剧、散曲作家赵善庆(乐平接渡镇赵家湾村人)(图1-10),他创作了《孙武子教女兵》《唐太宗骊山七德舞》《村学堂》《醉写满庭芳》《负亲沉子》等多部杂剧,我国现存最早的明代北曲谱《太和正音谱》誉其剧作为"蓝田美玉"。赵善庆所创作的杂剧对后来弋阳腔连台本戏的形成和发展有一定影响。

　　20世纪初,乐平又升起一颗戏苑巨星——石凌鹤。著名剧作家石凌鹤,乐平后港大田村人,曾任江西省文化局局长,是集电影与戏剧创作、编辑、导演、表演于一身的剧作家。他可谓佳作迭出,话剧剧作有《保卫卢沟桥》《火海中的孤军》《铁蹄下的上海》等,创造戏曲剧作(含改编)有《还魂记》《西厢记》《西域行》等。毛泽东看了他的《还魂记·游园惊梦》,给予"秀美娇甜"的评价。在"汤显祖逝世366周年暨学术研讨会"上,石凌鹤被誉为"当代汤显祖"。1950年,石凌鹤糅合乐平腔、昆腔和乱弹腔三大声腔优点,将饶河调和广信调合并,兼收并蓄,创立了江西地方名剧——赣剧。

　　可见,乐平人文兴盛,英才辈出,深厚的文化底蕴孕育出独具一格的乐平地域文化,为戏曲文化的发展提供了膏腴沃土,同时也为古戏台建筑艺术奠定了坚

图1-10　赵善庆

实的文化基础。

| 三、尊儒重教的文化氛围和浓重的儒家伦理思想 |

据《乐平县志》记载,乐平人崇文重教,"知县到任先兴学"。有三位知县将兴学重教推向高潮,分别为范锷、许几、杨简。他们到任后的第一件事就是兴学。宋神宗熙宁三年(1070年)范锷到乐平任知县,此时乐平尚未有学宫,他立即选定地址,并拨款兴建学宫。宋神宗元丰六年(1083年)许几任乐平知县,在扩建了范锷兴建的学宫之后,还聘请经师讲授经学,帮助士子适应科举改革。自此,乐平及第人数有所增加,为乐平士子入朝为官开辟了道路。第三位将乐平人才培养推向高潮的是杨简,他上任时乐平兴学已有百年,乐平学宫也已破旧,于是他开始大力修缮,并亲自讲学,培养了不少乐平俊贤。到了明清,乐平村村尊儒重教,以"学而优则仕"为信条,兴学成风。可见,乐平文风兴盛,文化氛围浓厚。

而儒家伦理思想对乐平民间戏曲和戏台建筑有着深刻且全方位的影响。一方面它丰富了乐平民间戏曲的内容,另一方面影响着祠堂台的建筑布局和戏台装饰的主题与内容。同时,戏曲、戏台又反过来促进儒家伦理思想在当地民众间的传播,最终深入人心。

乐平戏曲通过宣扬儒家教义和历史故事,表彰孝子、义士、圣贤、圣君等,最先实现了对乐平人的教化功能。"厚人伦,美教化""惩恶扬善"似乎成为当地戏曲表演现实功利职责之一。大量的儒家教义和伦理道德观念,通过戏曲表演的形式呈现出来,对当时文化水平低下甚至目不识丁、没受过任何文化教育的乐平人来说,戏曲通俗易懂,语言质朴自然,是最易理解和接纳的艺术形式。

在祠堂台建筑上,儒家思想的浸润及影响也是显而易见的。传统礼教社会认为"道德仁义,非礼不成。教训正俗,非礼不备。纷争辩讼,非礼不决。君臣上下,父子兄弟,非礼不定"①。礼教文化无论是在官式建筑还是在民居建筑中都有所体现。程朱理学是对礼教文化的进一步强调和完善,最终由徽州婺源的朱熹集大成。乐平临近徽州婺源地区,徽州浓重的礼教文化影响到乐平是必然的。礼教文化中讲究中庸、秩序、三纲五常、等级尊卑的思想,在乐平宗族祠堂的空间布局上都有所体现。祠堂最早是供养祖先的场所,位于祠堂内部、与祠堂相连的戏台供"娱神娱祖"之用,古代"神""祖"为尊为大,戏子为卑。因此,祠堂的祭厅位于整体建筑的后方,"娱神娱祖"的戏台与祭厅处于中轴线上并隐隐相对,且戏台在地势上低于处在尊贵位置的祭厅。祠堂整个平面沿着中轴线呈纵向铺开,两侧通过厢廊连接。这一贯穿祠堂的神圣中轴线,其深刻的意味远高于其实际意义。平面的纵深空间通过一进、二进、天井、中堂,最后进入祭厅,使祭祖之人行走在一个严肃、方正、井井有条的建筑空间中。当演戏"娱神娱祖"之时,宗族中众多的后辈则围坐在两侧的厢廊或者天井中,随祖宗共同观戏。祠堂在布局上的种种安排,正是儒家伦理思想中"礼"的观念的体现,是尊卑等级的礼制思想对建筑的规定和制约。

四、尤为重视的家庭教育

　　家教是家庭内部父母对子女的言传身教,长辈通过自己的善言善行来教育子女做人做事的道理。据史料记载,乐平人乐善好施,爱好读书,"为父兄者以其子其弟不文为咎,为母妻者以其子其夫不学为辱"。为人父、为人兄的,如果他们的儿子或兄弟不学文化,就会感到

———————————
①《礼记·曲礼上》。

内疚,认为没有尽到督促教育之责;为人母、为人妻的,如果她们的儿子、丈夫不学习,就会感到羞耻。如此之美的家风遍及城乡,其中最为典型的当属洪氏家族。洪皓著有《帝王通要》《松漠纪闻》等史书及文集50卷,其子继承家学,尤以洪适、洪遵、洪迈闻名天下,世有"三洪"之称,与北宋苏洵、苏轼、苏辙父子"三苏"齐名。洪皓的曾孙洪简、洪芹也是幼承家学,皆有文集传世,被后代传为佳话。在当代比较有名的儒林汪大纲一家,11人均成为栋梁之材,也是因为他们严守家训。汪家有两首祖传的家训诗,其中一首云:"德业科名自有真,光阴珍重少年身。圣贤立足争千古,学问源头在五伦。求志只凭书尽读,论文须与德为邻。区区肖父非吾望,如琢如磨席上珍。"其内容充分反映了长辈对后代的殷切期望和教诲。因此,良好的家庭教育才使得乐平这片沃土养育出众多的地方英才和社会贤达。

五、浓重的民间恋戏氛围

乐平人喜戏、恋戏,对戏曲的钟爱到了一种痴狂的程度,这种现象对于那些没有深入了解、亲身体验的外乡人来说是无法理解,也是不可想象的(图1-11)。在乐平农村,无论是古稀老人还是稚气未脱的少年,张口都能唱上一段饶河戏。人们尽管大多时候字不正、腔不圆,但是唱得怡然自得。戏曲影响着一代代乐平人,生活离不开戏曲,在戏曲故事和曲调中自我陶醉,已成为乐平最普遍的戏俗风情。

乐平村民对戏曲的痴迷与热衷是千余年时间长河积淀的结果。从元代起乐平盛行杂剧,出生于乐平的著名剧作家赵善庆创作的杂剧作品更是促进了其发展;明代弋阳腔在乐平得到迅速传播,嘉靖以后由弋阳腔演变成了乐平腔并逐渐盛行;明清时期江西戏曲演出活动兴盛,戏曲艺术空前繁荣。据乐平博物馆史料记载,此期县境内班社林立,名伶辈出,班社有40多个,乐平的戏曲艺人多达四千之众,足见村民对戏曲的需求之大,戏曲已成为当地一种平民化的艺术。正是因为乐平戏曲以通俗、自然而又接地气的语言和音乐方式演绎传统戏剧故事,方使普通民众不仅能看得懂、听得懂故事情节,还能在日常生活中复述,用戏剧传递的人生观、价值观去影响和教育别人。戏台上演绎的戏剧故事大多汲取了传统文化中的精华,传递的是儒家"仁、义、礼、智、信、恕、忠、孝、悌"和真善美的正能量。民众在戏台下观看时既是一种娱乐,也是一种教

图1-11 喜戏、恋戏的乐平民众
(图片来源:《中国乐平古戏台大全》)

化,他们在这"乐"中被潜移默化地影响着,戏曲起到的社会教化作用可谓润物细无声。

在乐平农村,有很多耄耋老人虽目不识丁,却能道出不胜枚举的民间戏曲故事。他们可以用当地方言绘声绘色地讲述故事情节,并用戏曲中的人物或故事去教育一代又一代人,这些都是多年观看民间戏曲的结果。乐平浓厚的戏曲文化影响了当地的古戏台建筑艺术,在戏台雕刻艺术中,画面题材、角色刻画、场景安排与组织等都与戏曲表演艺术的风格、特点相关联。乐平古戏台的梁枋、柱身、屏风、戗角均施雕刻,题材多样,其中,以戏曲人物和戏曲故事为素材的雕刻最具审美趣味。

第四节
乐平古建筑与徽州及周边地区
传统建筑之间的关系

　　走进乐平乡村，人们可以发现当地的传统建筑与徽州传统建筑有着极为相似之处，从建筑外观上看多为粉墙、黛瓦、马头墙，从建筑形制上看又多采用抬梁穿斗相结合的木构架形式……既然如此相似，那乐平古建筑与徽州传统建筑之间究竟有着怎样的内在联系呢？探究两者之间的关系，将有助于我们更深入地了解乐平古戏台营造技艺的渊源及其特点。

一、地域相近，两地联系紧密

　　乐平隶属饶州，婺源历史上属于徽州。乐平市与婺源县互为邻县市（图1-12、图1-13）。徽州地处安徽省的南部，历史悠久。婺源自有史书记载以来，一直都是徽州的一部分，是古徽州一府六县之一。20世纪30年代，国民政府将婺源划隶江西。民国三十六年（1947年）八月十六日，婺源划回安徽，隶属安徽省第七行政区。直到1949年，中国人民解放军二野部队进入县城，宣告婺源县解放，将其划属华东区赣东北行政区，隶属于上饶市。实际上，自唐宋以来，婺源无论是文化、经济还是民生等方面，与徽州融为一体千年之久，不可分割。历史上人

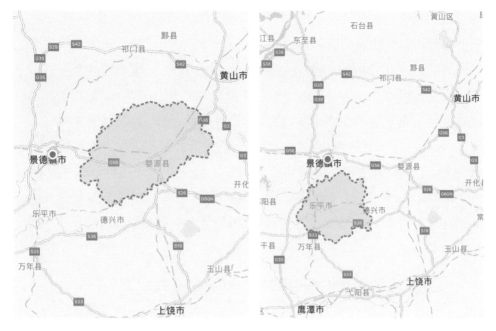

图1-12　婺源县示意图　　　　　　　　图1-13　乐平市示意图

口大迁徙过程中,有大量人口自北往南从安徽迁到江西。因此,目前乐平人口中,祖籍婺源的人占有一定的比例。人口的流动自然带来了社会生活及文化习俗的交流,这些为乐平古戏台的建造技艺与徽州传统建筑的营造技艺的沟通和交流提供了条件。

历史上沟通饶州与徽州有两条水路,其一为徽州祁门至饶州浮梁的阊江–昌江河水路,为北道;其二为徽州婺源至饶州乐平的婺江–乐安河水路,为南道。徽饶水道,由北道昌江河(阊江)与南道乐安河(婺江)构成,是徽州与饶州之间进行商业往来的重要通道,也是一条水上移民之路,与徽杭水道齐名。元末明初的洪武赶散时期,该水道将徽州与饶州两地的移民输入皖西南的安庆地区,成为瓦屑坝移民的水上生命线,被誉为皖江文化的文脉之源。徽州人与外界的联系主要依靠水路,《休宁县志》中提到"商之通于徽者取道有二:一从饶州鄱、浮,一从浙省杭、严",相对而言,通往江西的河道较为安全,因此徽商大多选择江西的通道。水道的存在使得饶州与徽州的人口和商业往来密切，乐平当地历来流传一句话："饶地多徽商，徽州多饶匠。"笔者根据在乐平民间的走访，得到的说法是：明清时期徽商富甲天下，徽州的社会形态和社会发展产生了许多变化，文化繁荣尤为突出，这其中就包括了建筑文化。由于徽州山多地少，很多人选择外出经商，真正留下来从事民居、戏台建筑营造的相对要少得多。徽州商人荣归故里时大规模修造宅子，会从当地和外地请来有名的工匠师傅从事建筑（民居、祠堂、戏台等）的营建，而邻近地区的饶州匠人便是其中之一。如此看来，"饶地多徽商，徽州多饶匠"这一说法的确是有一定的依据的。

二、文化相通，促进了彼此的借鉴与融合

乐平在东汉光和元年（178年）建县，因县城"南临乐安江，北接平林"而得名"乐平"。辖区包括今乐平、德兴全境和婺源、万年两县部分地区。这样的地理区域加上百姓来往频繁，乐平和婺源两地在传统文化上是极为相近和相似的。儒家文化统治了中国两千多年，是官场正统文化的主要表现形式。南宋以来，徽州被誉为"程朱阙里""东南邹鲁"。儒学是徽州文化的实质，徽州文化是儒学的实践和表现形态。徽州文化既是地域文化，又是中国正统文化传承的典型。程朱理学是儒学的重要组成部分，特别为明、清两朝历代皇帝所推崇。程颐、朱熹的祖籍均是徽州，朱熹曾三次回徽州省墓，并在婺源及歙县为家学培养理学人才。徽州受到儒学的影响非常大，以至于徽州文化的各个层面都贯穿着儒家思想，包括新安理学、徽商、徽州宗族制度、新安医学、徽州民居、新安画派等。与婺源比邻的乐平，同样是儒风盛行。乐平历史上曾经出现过"一王，二侯，三驸马，四位一品左右相，五名状元、榜眼和探花，还有300进士郎"。自古以来，学而优则仕，乐平辈出的人

才,恰恰印证了乐平长久以来尊儒重教的风气。

乐平的宗族文化也与徽州极为相似,聚族而居,尊祖敬宗,崇尚孝道,讲究忠孝节义,以家族的不凡自诩。同样撰写家训以垂训后代,力图保存和发扬其传统的家风。连民俗文化方面,乐平与徽州也有诸多相似之处。民俗文化是依附于人的生活、习惯、情感与信仰产生的一种社会趋同性的生活模式,经过长期的积淀而成。民俗文化主要包括民俗工艺、民俗装饰、民俗饮食、民俗节日、民俗绘画和音乐等。因为乐平与徽州地域相近,自古人口相互流动,这些生活习俗会相互影响,产生相似与趋同。但是因为徽州与乐平大多处于山区及丘陵地带,使得人员的流动不如平原地区紧密、频繁,彼此的生活保持着一定的独立性,故民风民俗方面存在一定程度上的差异性。

徽州传统建筑又称徽派建筑,流行于徽州及严州、金华、衢州等地区。徽派建筑作为徽州文化的重要组成部分,历来为中外建筑大师所推崇。徽派建筑以砖、木、石为原材料,以抬梁穿斗木构架为主,梁架多用材硕大,且注重装饰,还广泛采用砖、木、石三雕,表现出高超的建筑工艺水平。徽派建筑集徽州山川风景之灵气,融中国风俗文化之精华,风格独特,结构严谨,雕镂精湛,在平面及空间处理上,建筑构造、装饰艺术的综合运用上都充分体现了鲜明的地方特色。例如,平面布局灵活,空间利用得当,外观造型丰富,讲究韵律美,以马头墙、小青瓦最有特色。徽派建筑尤以民居、祠堂和牌坊最为典型,被誉为"徽州古建三绝"。徽派建筑的祠堂、庙宇、府宅等大型建筑,沿袭宋《营造法式》官式做法,采用大屋顶脊吻,有正吻、蹲脊兽、垂脊吻等。造型与官式做法又有所区别,属徽派特色。且历来附会了许多有趣的传说,如正吻,指的是正脊梁头口衔屋脊的鳌鱼(龙鱼),据说有镇火防灾之效,由此一直沿袭下来。

传统建筑属于物质文化遗产,其在营造过程中,均受到当时当地宗教文化信仰、民俗文化等非物质文化的深刻影响,承载着诸多传统文化的因子。因此,传统建筑是以物质形态传承的传统文化,传统建筑文化是传统文化的重要组成部分。

　　乐平古戏台及传统民居建筑与徽派建筑在建筑材料、建筑形态、建造工艺、建筑形制等方面都存在诸多的相似之处,皆离不开以上原因,即地域相近、文化相通等对这些相似性起到了促进作用。乐平传统建筑与徽派建筑相互影响,相互融合,并在此基础上保持自己的独立性,融入自己地域的文化特色而继续发展。

第二章 乐平古戏台的建筑形制及艺术特色

第一节　乐平古戏台的类型及演变轨迹

第二节　乐平古戏台建筑形制分析

第三节　乐平古戏台的平面形式与艺术特色

第一节
乐平古戏台的类型及演变轨迹

┃ 一、乐平古戏台的数量及地域分布 ┃

　　乐平古戏台属于砖木结构，由于木构材料留存不易，明代或之前修建的戏台能完整保存到今天的已十分有限。目前，乐平地区遗存年代最为久远的戏台只能追溯到明代，即涌山的昭穆堂戏台（建于明崇祯年间）。乐平现存的戏台基本都是清代、民国年间和新中国成立后所建，尽管在过去的几十年里，由于人为原因或者自然原因，戏台或多或少遭到损坏，但它们的留存数量仍是非常可观的。2018年的调查数据显示，当前乐平全市共有戏台462座。这个数字在全国来说是极为庞大和罕见的，既反映出明清以来乐平地区戏曲演出的繁盛，也说明了戏台建筑在乐平社会生活中的重要地位。462座戏台中，有古戏台，也有新戏台。新戏台中有的是完全采用传统营造技艺营建的，也有的是传统与现代相结合营建的，具体表现在技艺做法、建造材料、工具等方面。现存的戏台根据年代划分，民国及之前建造的古戏台138座，新中国成立后建造的仿古戏台324座。这一统计数据来自2002年乐平市博物馆馆长、副研究员、古戏台研究专家余庆民先生率队进行的一次全市古戏台普查,以及乐平市退休干部胡木水和徐天泽两位老人在10多年间实地拍摄、采集的全市各个乡镇、村庄的古戏台照片。2002年,余庆民先生带队的普查采取的是逐镇逐村的实地调查,数据真实、可信度高,但还不是最完整的数据。余庆民先生在那次普查之后也说:"实际上,我们在那次普查工作中依然遗漏了(一些)戏台,留下了很多遗憾,如鸬鹚镇韩家村、双田镇睦乐村、名口镇流芳村的祠堂台,众埠镇王家村的万年台等。"另一遗憾是当时的普查只有数量的记录,缺乏影像资料。2005—2018年,胡木水和徐天泽两位退休干部为了更好地向外人展示乐平古戏台的独特魅力,宣传古戏台文化,用照片全面、真实、详细地记录了乐平市大小村镇的462座新老戏台,这些照片被收录进2018年齐海林主编的《中国乐平古戏台大全》一书中,这应该是当前最详细的戏台调查了。

近年来,乐平从政府到民间都增强了对古戏台的保护和利用意识。2015年,乐平古戏台营造技艺被文化部列入国家非物质文化遗产代表性项目名录,填补了乐平市"国家级非遗"的空白。2017年以来,在乐平相继举办了"神工意匠,振兴乡村"古戏台营造、木雕传承人与学者跨界对话、"中国文化遗产大会"等一系列与古戏台文化相关的活动。在"中国文化遗产大会"上,由中国民间文艺家协会向乐平授予"中国古戏台之乡"的称号,这是对乐平古戏台价值的高度认可和评价。从当前乐平市及全国的大环境来看,乐平古戏台和其传统营造技艺将受到更多的关注。

现在的乐平农村中,几乎村村都有戏台,只是多与少的差别。多的乡镇如涌山、乐港、接渡,有四五十座,其中涌山镇最多,共有50座。个别村庄甚至还会出现一村有3座或5座戏台的情况,比如,双田镇的横路村就有5座戏台,涌山镇厚田村、名口镇戴村和双田镇龙珠村各有3座,可见乐平戏台分布地域之广、之多。现在,乐平修建戏台的风气越来越浓厚,戏台的兴建也呈逐年递增的态势,修建水平越来越高,从

2016年建成的当前乐平规模最大、耗资300多万元的接渡镇杨子安戏台便可窥见一斑。

| 二、乐平古戏台历史营建概况 |

从全国来看，现存的戏台建筑或集中或零散地分布于很多省域，宋金元时期的戏台以及与戏台有关的文物主要分布在北方，其中以山西境内为最多。在南方，明代以前的戏台建筑已无存，与戏台相关的文物目前只有江西境内发现的两件：一是江西丰城博物馆收藏且在当地出土的元代影青"仿戏台彩棚式檐透雕戏曲人物枕"，器型为仿木结构棚式戏台建筑样式，堆塑四个不同演出台面的场景，表演内容为《白蛇传》中借伞、换伞、水漫金山、拜塔救母的片段，布景道具皆备，是元杂剧演出的形象写照。另一件是1974年江西景德镇湖田窑出土的元代"青花釉里红堆塑楼阁式谷仓"（图2-1），从这一文物中可以看到早

正面　　　　　　　　　　　　　背面

图2-1　青花釉里红堆塑楼阁式谷仓

期的舞楼样式。戏曲研究者黄维若曾撰文论述"该瓷器前面做谷仓，后面显然是一座舞楼"。

此谷仓整体为一座戏楼的造型，楼阁式重檐庑殿顶仿木结构建筑，通高29.5厘米，横宽20.5厘米，高10.3厘米，向众人呈现了早期的戏台样式。楼阁面阔三间，中间开阔，两侧较窄。前后左右共有8根立柱，中间主柱粗，两侧立柱细。整座建筑样式独特，高低错落。二层廊道上前后均装置栏杆，并安放了多个姿态各异、形态优美的人物。由楼阁正面或背面看，无论是底层还是上层，均为三间四柱式。中间立以隔板将空间分为前与后，如同戏台的屏壁将戏台分为前台与后台。屋顶正脊中央用莲花装饰，正脊两端分别蹲坐一吻兽，嘴巴大张，一副威严之像。侧边屋顶斜出三面，上也置莲花宝座，所有垂脊之上和屋檐之下均以卷云装饰，这些应是源于当地民间对佛教的信仰。实际上，楼阁式谷仓正是元代时期景德镇当地或周边地区戏台形象的缩影。这座出土的楼阁式谷仓无疑是当时景德镇地区所流行的戏台建筑的写照，其原型应该就是祠堂晴雨双面台。谷仓建筑样式复杂，气势恢宏，等级形制高贵，外观艳丽豪华，是元代景德镇地区古戏台建筑文化的反映。

根据文献记载以及留存的碑记、文物，可以了解到中国戏曲一直到宋金时期都处于萌芽阶段，未能发展到成熟的戏曲形式，与戏曲相对应的戏台建筑亦最早产生于宋金时期。至元代杂剧的兴起和明清时期南戏、弋阳腔、乱弹腔、饶河戏等的不断更替发展，戏台建筑无论是建筑形制、建筑装饰还是兴建数量、规模方面都在发生着变化，尤其到清代，戏台在全国的分布已经极为广泛。在形制和规模的变化上则体现在：随着戏班人数和表演角色的增多，导致一部分戏台的面阔不断扩大，并由之前的单开间发展为三开间或五开间。戏台的营建情况与戏曲的勃兴、发展态势紧密相关，存在着必然的联系。戏曲的成熟，推进了戏台的成熟。

通过实地考察乐平市部分乡镇现存具有代表性的戏台，结合乐平市古戏台博物馆的普查资料，当前乐平留存的462座传统戏台中，年代最久远的当属明崇祯年间建造的戏台建筑，仅有1座；清代时期是古戏台营建的高峰期，有78座，其中能基本确定始建年代的就有59座。清代由于距今年代较近，留存下来的戏台极多，经济的发展、社会的稳定纵然是一方面原因，但清代戏曲演出的全面繁荣是导致乐平古戏台广泛营造的关键所在，这也使得现存古戏台中，无论在数量还是建造的华丽程度上，清代的都远胜前代的。表2-1为截至2017年12月统计的乐平代表性传统戏台登记表。

表2-1　乐平代表性传统戏台登记

序号	名称	地点（乡镇）	时代	保存状况	备注
1	上堡董氏祠堂台	临港	清代	尚好	谱载乾隆年间建
2	古田万年台	临港	清代	尚好	脊坊墨书"乾隆元年造"
3	桃林万年台	塔前	清代	尚好	脊坊墨书"道光五年孟冬立"
4	兰桥万年台	塔前	民国	尚好	脊坊墨书"民国六年"
5	下徐万年台	塔前	民国	尚好	墨书"民国十三年"，台面板残破
6	洪汝仪宅院戏台	塔前	清代	尚好	雍正年间建
7	陈家万年台	乐港	清代	尚好	谱载雍正七年（1729年）建，脊橡墨书"民国甲戌年"做过维修
8	菱田枭二公祠堂台	后港	清代	完好	清乾隆年间造，民国年间曾维修过
9	西冲万年台	后港	清代	尚好	清代晚期建，台檐部损坏
10	张家万年台	众埠	民国	尚好	脊坊墨书"民国十九年立"
11	黎桥万年台	众埠	民国	尚好	脊坊墨书"民国十七年立"
12	韩家万年台	众埠	清代	尚好	清中期建，民国九年（1920年）做过维修
13	界首万年台	众埠	清代	尚好	清代晚期建筑
14	浒崦双面台	镇桥	清代	尚好	谱载道光十三年（1833年）建，2002年做过维修
15	华家万年台	镇桥	清代	尚好	民国年间及现代均做过维修
16	前溪万年台	镇桥	清代	尚好	清末建，1996年做过维修

续　表

序号	名称	地点（乡镇）	时代	保存状况	备注
17	坑口戏台	镇桥	清代	尚好	谱载道光五年（1825年）建，1954年戏台移位，1986年维修
18	林里邹家万年台	接渡	民国	尚好	
19	邹家万年台	接渡	清代	尚好	脊坊墨书"光绪三年"
20	李家万年台	接渡	清代	尚好	清代晚期建，1996年做过维修
21	横路叶家万年台	双田	清代	尚好	清代后期建，1957年做过维修
22	横路一房戏台	双田	清代	残损	祠堂前旗杆石刻有"乾隆"字样，保留木构架
23	横路九房戏台	双田	清代	残损	保留木构架
24	黄岭万年台	双田	清代	尚好	谱载康熙年间建
25	桥头万年台	双田	清代	尚好	清晚期建
26	大园万年台	双田	清代	尚好	清晚期建
27	耆德万年台	双田	清代	尚好	清晚期建
28	金家万年台	双田	清代	尚好	清晚期建
29	龙珠万年台	双田	清代	尚好	清晚期建
30	天济双面台	塔山	清代	尚好	谱载建于"道光十二年"，1997年做过维修
31	南岸双面台	塔山	清代	尚好	谱载始建于乾隆年间，1978年做过维修
32	项家庄祠堂台	洪岩	清代	尚好	谱载建于"雍正庚戌年"，脊墨书"民国癸亥年重修"（应指屋口翻修），1997年做过维修
33	甘村祠堂台	洪岩	清代	尚好	谱载始建于雍正年间，民国二十四年（1935年）焚毁，民国三十年（1941年）复建
34	小坑万年台	洪岩	明代	尚好	民国二十九年（1940年）建
35	涌山村王宗五祠祠堂台	涌山	明代	尚好	谱载始建于明崇祯年间，光绪三年（1877年）、1996年先后做过维修
36	沿沟祠堂台	涌山	明代	尚好	祠堂建于明代末年，戏台应于祠堂时代做过维修；1997年做过维修

续 表

序号	名称	地点（乡镇）	时代	保存状况	备注
37	车溪敦本堂祠堂台	涌山	清代	尚好	谱载始建于乾隆丙寅年（1746年），同治庚午年（1870年）复竣，1982年做过维修
38	石潭祠堂台	涌山	清代	尚好	
39	流槎祠堂台	涌山	清代	尚好	谱载同治年间建
40	林头万年台	涌山	清代	尚好	谱载建于同治年间，1990年做过维修
41	后田祠堂台	涌山	清代	尚好	
42	塔瑞双面台	涌山	清代	尚好	戏台脊梁墨书"宣统元年桂月重建"字样
43	袁家双面台	涌山	清代	尚好	建筑风格与塔瑞戏台相同
44	陈高双面台	涌山	民国	尚好	戏台脊梁墨书"民国甲戌年"
45	林头万年台	涌山	清代	尚好	谱载雍正年间建
46	大路边万年台	涌山	清代	尚好	清末民初建
47	余家万年台	涌山	民国	尚好	民国元年（1912年）
48	邵家万年台	涌山	民国	尚好	民国九年（1920年）季秋月
49	曹家边双面台	涌山	清代	尚好	民国年间做过维修
50	稍田祠堂单面台	涌山	清代	尚好	清代后期建
51	小陂万年台	涌山	民国	尚好	1999年做过维修
52	碧村万年台	金鹅山	清代	尚好	清中期建，民国九年（1920年）做过维修
53	花山万年台	鸬鹚	清代	尚好	清末建
54	大塘坪万年台	鸬鹚	清代	尚好	清末建
55	刘家万年台	鸬鹚	清代	尚好	清末建
56	龙亭万年台	鸬鹚	清代	尚好	清代晚期建
57	中脑万年台	鸬鹚	清代	尚好	清代晚期建
58	丰源万年台	南港	民国	尚好	
59	润田万年台	礼林	民国	尚好	民国四年（1915年）建
60	段庄万年台	礼林	民国	尚好	
61	甘棠万年台	礼林	民国	尚好	1980年做过维修
62	鲍坂万年台	礼林	民国	尚好	1978年做过维修
63	庄泉万年台	高家	民国	尚好	1981年做过维修

续 表

序号	名称	地点 (乡镇)	时代	保存 状况	备注
64	杨家边万年台	高家	清代	尚好	清代晚期建
65	高台万年台	高家	民国	尚好	民国四年(1915年)建
66	官庄万年台	高家	清代	尚好	清代晚期建
67	董湾万年台	高家	清代	尚好	谱载乾隆年间建
68	夏家祠堂台	高家	民国	尚好	民国二十四年(1935年)建
69	流芳万年台	名口	清代	尚好	民国十五年(1926年)做过维修
70	戴村上房万年台	名口	清代	尚好	谱载道光五年(1825年)建,谱载道光十四年(1834年)做过维修;1998年做过维修
71	戴村中房万年台	名口	清代	尚好	谱载道光五年(1825年)建,1997年做过维修
72	兰坑黄氏万年台	名口	清代	尚好	清代晚期建
73	许家湾万年台	名口	清代	尚好	清代晚期建
74	朱许万年台	名口	清代	尚好	清代晚期建

注:乐平古戏台历史营建及现存情况[①]统计截止时间为2017年12月。

| 三、乐平古戏台的类型 |

  乐平地区最早出现的是依附于祠堂建筑、用于娱神敬祖的祠堂台,其造型别致,装饰精美繁复,整体形象华丽,是整个乐平地区所有建筑类型中最具代表性的(后文中会详细阐述)。宗族活动的需要成为乐平人热衷于修建戏台的重要原因,加之经济的繁荣和社会的相对稳定与祥和,特别是乐平人对戏曲文化的喜爱,更使得人们对营建戏台的热情持续高涨。乐平地区共出现了五类主要戏台,即祠堂台、万年台、会馆台、家庭台和庙宇台,另外还有一种为临时搭建的草台。其

[①] 表格中资料来自乐平市古戏台博物馆。

中,祠堂台和万年台保留至今的数量最多,而且很多都保存完好,不断新建的戏台也基本为这两种类型。会馆台、家庭台和庙宇台等因为年代久远,未能保存下来,只是存在于一些典籍和人们口口相传的故事中,这是乐平古戏台文化研究的一大缺失和遗憾;且由于多方面原因,这些类型的戏台在后期也未能得到延续,逐渐淡出乐平古戏台文化的舞台。

过去民间曾流行一种草台(图2-2),现在随着社会的发展已经很少使用或者基本不用了。草台是临时搭建的演出台,支木为柱,盖稻草、竹席或木板为顶,周边用木板或篷布等遮蔽风雨,用时搭建,用完拆除。草台构造简单,过去一般只在经济较为落后的村庄才用,虽说村小人贫,但临时搭建的草台终究还是能让村民过上一把戏瘾。

图2-2 临时搭建的草台(图片来源:乐平市古戏台博物馆)

家庭台在江西境内很少见,乐平曾经仅有一座,即乐平塔前的洪汝仪宅院戏台。据记载,此台建筑于清雍正年间,主人洪汝仪为乐平当时的富绅,合家好戏,他怕妻妾子女外出看戏招惹风流韵事,遂于家中建造戏台并亲自组建戏班。其子洪常修出任浙江省石门知县,曾带戏班返乡于宅中演出。洪宅系三进结构,每进隔一天井,入大门处为一进,戏台即设于其左后方,傍门而立,面向天井。台基高出地面2米,宽6米,进深4米。宅院现为农民住房,当年的戏台已不复存在,仅残留"刘海戏金蟾"戏文木雕两块及梁上的一只垂篮。

庙宇台是戏曲文化和宗教活动联姻的产物。僧侣庙内建戏台,聘来戏班演出,使香客云集、香火鼎盛,于是可以重修庙宇,再塑金身,这也是僧侣借以宣传教义、扩大影响力的方式之一。据记载,乐平历史上建有观音阁戏台、城隍庙戏台、关帝庙戏台、娘娘庙戏台等庙宇台。

会馆台是戏曲文化和商贸活动相结合的产物。商人在会馆内建戏台,请戏班演出,广泛联络同乡同行,畅谈贸易。乐平的会馆台最早见于清末,一直延续至民国时期,此后少见。会馆台一般设于商人会馆中,如徽州会馆台、抚州会馆台等。会馆台多是在外经商的人联络同乡情谊之处,因此一般建在城市中。与广泛分布于各乡镇农村的祠堂台、万年台相比,会馆台的群众基础要薄弱得多。前来听戏、看戏的人远远少于农村,演戏的频率和受追捧的程度也要低很多。故在发展和建造的趋势上,大不如农村中被喜戏、恋戏的村民所钟爱的祠堂台和万年台,故而会馆台就逐渐淡出了历史的舞台。

乐平戏台有固定式和活动式之分,固定式的戏台居多,台基稳固,以砖砌成,上覆台板,常年固定使用。活动式即为可拆卸式,戏台下方用木柱支撑,台枋连接,上覆台板。平时将中间台板拆卸,与大门相接,便于进出,待需要做戏时再将台板安装好作为戏台(图2-3)。

图2-3　洪岩甘村祠堂台(图片来源:《中国乐平古戏台》)

乐平保留至今的古戏台主要是祠堂台(图2-4)和万年台,此外还有一种由祠堂台和万年台相结合而成的双面戏台,乐平人称之为"双面台"、"鸳鸯台"或"晴雨台"(图2-5、图2-6)。根据名称,我们似乎已能清楚这类戏台的特征所在,即此类戏台有前、后两座台,可以不受天气限制,根据天气情况分别使用。因晴雨台乃是依祠堂而建的,是在祠堂台的基础上在其背面再建一戏台,故在大的分类中依然是祠堂台的一种形式。现存的古戏台中,祠堂台占有一部分,万年台占绝大多数(至2018年统计有354座),晴雨双面台仅有20座。①后文中将重点阐述祠堂台(包括晴雨双面台)和万年台。

1. 祠堂台

祠堂台的大规模营建与乐平的地域和历史有关。历史上乐平先民大多是由北方或邻近县市迁徙而来的,在迁徙过程中多聚族而居,使得当地民众形成了深刻的家族观念和

图2-4 祠堂台(图片来源:张欣、赵迪)

图2-5 双面台晴台

图2-6 双面台雨台

(雨天观众可站在享堂和两侧回廊中欣赏演出)

---

① 徐进:《话台言戏——传统文化视阈下的乐平古戏台与民间戏曲》,江西人民出版社,2017年。

强烈的宗族意识。家族、宗族文化是中国传统思想的主体。乐平大部分的村庄都是以一个大姓为主,杂姓居住一个村庄的情况很少。很多大姓望族集资兴修宗祠,往往极尽财力、物力,将宗族祠堂尽可能修得壮观,即使是势单力薄的宗族也竭尽全力兴修宗祠。祠堂是宗族供奉、祭祀祖先,以及族长行使族权之地,凡族人违反族规,均在这里被教育和受处罚,所以祠堂可以说是封建道德的法庭。同时,祠堂又可以作为家族社交和办理婚、丧、寿的场所。因此,祠堂建筑一般都比民宅规模大。越是有权势和财势的宗族,其祠堂往往越讲究。高大的厅堂、精致的雕饰、讲究的用材,成为宗族光宗耀祖的一种象征;另一方面,稳固和增强宗族内部的凝聚力,往往也可以通过祠堂的作用来实现。

祠堂(图2-7)是一个村庄的核心,也是一个家族的中心,象征着宗族的团结。文献记载"演戏敬神,为世俗之通例",因此,祭拜神灵和祖先也就成为早期建造戏台的主要目的,用演剧来表达对神灵的敬畏和对祖先的追思,实现娱神娱祖。于是,便产生了大量依附于祠堂建筑的祠堂戏台,即祠堂台。祠堂台坐落于祠堂内,通过两侧围廊与享堂连为整体建筑(图2-8、图2-9)。祠堂台作为祠堂建筑的一个部分而

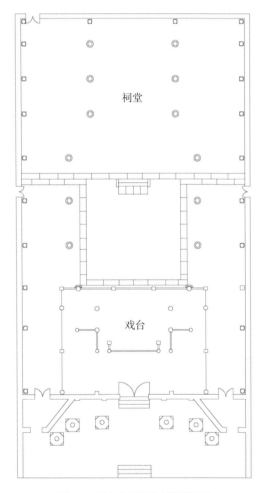

图2-7 临家上堡董家祠堂平面图

图2-8　戏台与享堂通过两侧围廊相连接　　　　图2-9　双田上河村祠堂

　　　　　　　　　　　　　　　　　　　　　（图片来源:《中国乐平古戏台》）

存在。从外观上看,它和祠堂共为一体,看不出祠堂与戏台之间的区别;只有到了祠堂内部,才可发现包含在祠堂里面的戏台。

　　祠堂台即依附于祠堂而建的戏台,这里尤其要强调"依附"一词,是因为祠堂作为供奉祖先之地,是庄严神圣不可侵犯的,而戏台的营建主要是为了敬神娱祖的演戏之用,因此戏台在营建时必须要对祠堂做出让步。这一点首先体现在戏台的建造位置上,即戏台在地势上必须低于祠堂,否则视为僭越,就会"人心不安,神灵不妥";若低于祠堂,则可"神上而乐下,使人心安而神妥也"①。另有一个原因是,古代戏子的地位低下,甚至不如来观演的普通大众,因此戏台自然在地势上要低于祠堂建筑。但是在建筑形制和装饰上,戏台和祠堂之间并不会注重孰高孰低的等级关系,只是侧重不同而已。如祠堂偏重于庄重威严,戏台偏重于华丽精巧。

　　就总体平面布置图来看,戏台通常被设置在祠堂的前进,与享堂(或厅堂)相对。享堂后方祭厅中供奉着祖先的牌位,从封建等级上来说是至高的,因此如前面所说,与戏台相比享堂多会建在地势较高的北面,坐北朝南,但相对来说又比一般的神庙(坐北朝南)朝向更为灵活:有的坐北朝南(如浒崦程氏祠堂、昭穆堂王氏宗祠),有的坐东朝

---

① 冯俊杰等:《山西戏曲碑刻辑考》,中华书局,2002年。

西(如车溪敦本堂)。与享堂正面相对的戏台建在地势相对较低的南面,坐南朝北或坐西朝东。祠堂一般建在村中央,呈长方形,砖砌风火墙围拢,戏台常倚祠堂山门而建,或上下叠加,或前后相接。正常来说,戏台的形制、规模一般不宜超过供奉祖先的享堂或厅堂,但因其有表演功能,自然成为观众的"视觉重心"。礼制和表演功能的矛盾性,在戏台与祠堂山门结合后得以解决:既然戏台不仅是戏台,还是祠堂的山门,则其建筑等级、高度等完全可以依照供奉祖先的祠堂标准。乐平古戏台中年代较早的即为祠堂台,现存数量非常可观。其中,最具特色、富有极高历史价值和艺术价值的有以下古戏台:明代涌山昭穆堂戏台、横路村叶氏九房祠堂戏台、车溪敦本堂戏台、横路村叶氏四房祠堂戏台等。涌山昭穆堂戏台位于涌山镇涌山村老街中段,是乐平现今唯一一座明代古戏台遗存。

昭穆堂整座建筑外轮廓丰富,气势宏大。两侧砌筑的山墙长为70多米,蜿蜒曲折,起伏不断,因似腾飞的巨龙而被称作"游龙墙"(图2-10),这恰恰也是当地乡民寄寓的一种美好愿景。墙体采用青砖斗砌,

图2-10　涌山昭穆堂鸟瞰图(图片来源:《中国乐平古戏台大全》)

外立面用白灰粉刷。祠堂为三进三开两明堂,戏台为单面依附式戏台,坐北面南,背倚山门,面朝第一进院落。东西宽16.5米,南北进深29米,形制为三间四柱三楼式。

整座建筑由门楼、戏台、厢廊、前天井、享堂、后天井、后寝组成。总体看来,戏台结构严谨,工艺古朴,雕刻简练。戏台无斗拱装饰,仅在两侧厢廊和祠堂正堂的屋檐下施以斗拱。各斗拱之间相互独立,每一踩斗拱之间间隔一定的距离,具有很强的装饰性。据谱载,祠堂始建于明崇祯年间,清光绪三年(1877年)做过修缮,故现存的昭穆堂戏台建筑中有很多清代的样式和装饰痕迹。后在1996年又做过一次整体修缮,现保存完好。昭穆堂戏台与乐平现存其他戏台的不同之处在于:戏台正下方的一圆形入口即为祠堂主入口,行人需要从台底出入(图2-11、图2-12)。为通行方便,戏台台面较高,约2.8米。其他祠堂台则一般不设大门,而是仅仅在两侧设门进出。清以后的戏台基本上很少有此做法,台面略降低,以提升台下观众的观戏效果。戏台下方采取敞开式,增强了通风效果,可很好地防霉防潮。

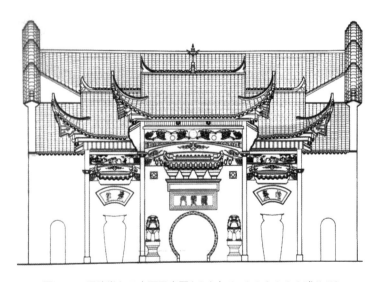

图2-11　昭穆堂入口立面示意图(图片来源:乐平市古戏台博物馆)

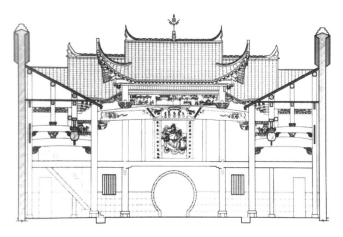

图2-12　昭穆堂戏台剖立面示意图（图片来源：乐平市古戏台博物馆）

车溪村北距涌山镇5千米，位于浮梁、婺源、乐平古驿道上。明洪熙年间，附近库前村朱氏五、六、七房迁此立村。谱载明正统丙辰年（1436年）于村中首创耕隐堂，至清乾隆丙寅年（1746年）因"生齿浩繁，渐嫌狭隘"，在汝典公倡导下增建敦本堂（图2-13）。敦本堂为朱氏宗祠，坐落在村子西北口，堂前有一个半月形聚星池，周围环境清幽古雅。

图2-13　车溪敦本堂鸟瞰图
（图片来源：《中国乐平古戏台大全》）

祠堂坐东面西，总面积约2 000平方米，通面阔30米，通进深65米。整座建筑规模宏大，结构复杂，堪称饶徽二州戏台的典型代表。车溪敦本堂由大门、戏台、庭院空间（包含侧面五开间厢廊）、中堂、后进天井及祭厅等部分构成。前后分三进院落，院落中心为天井。大门进去小院是第一进院，往东依次为戏台、第二进院、厅堂、第三进院和祭厅(图2-14、图2-15)。厅堂和祭厅均采用五檩五柱穿斗式和抬梁式结合的梁架结构,硬山屋顶;两侧厢廊则用五檩二柱穿斗式构架,单坡屋顶。

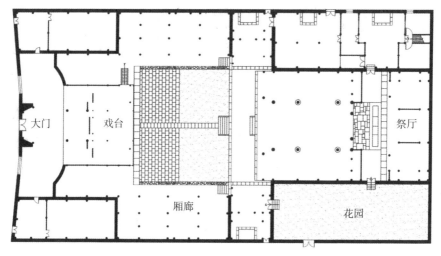

图2-14 车溪敦本堂平面示意图(图片来源:毛葛、孙娜、董晓颐)

敦本堂始建于清嘉庆丙寅年(1806年),据族谱记载"……制造钱四千九百九十串有零,而人工饮食不舆焉"。咸丰辛酉年(1861年)遭焚,同治庚午年(1870年)"遵旧制务图",又五年复竣。1949年新中国成立后做过多次修缮。其中,1978年整修时,为扩大演出区,金柱被去掉,屏壁也略做后移,其他状貌并未有大的变化。祠堂两侧的山墙采用青砖空斗砌筑,空斗墙内填充黄土,外部白灰粉刷。山墙为层层跌

图2-15 坐东面西的厅堂

图2-16　层层跌落的马头墙

图2-17　车溪敦本堂二进大门

图2-18　车溪敦本堂古戏台

落式马头墙(图2-16)。敦本堂入口小院之后是砖石木三材合用建造的牌楼式二进门(图2-17),两侧设有八字壁,使原本样式简单的大门略显丰富,增强了整座建筑的气势。戏台为三间四柱三凤楼式,单檐双戗歇山顶,其前后两侧的明间均高起,并另起一层歇山顶,因此不能将其简单地称为重檐歇山顶。筒瓦铺设屋面,花砖砌屋脊。檐下装饰十分考究。屋檐下方做米字斗拱挑出承檐,明间台口枋采用浮雕和镂雕,雕刻手法虚实相间,层次丰富。上层额枋深雕双龙戏珠,两侧配以雕满植物图案的八字枋,下层额枋镂雕双凤牡丹。次间额枋为实现与明间的呼应,同样也是精雕细琢,繁简相宜(图2-18)。

戏台面阔三间,通面宽11.2米,其中明间6.35米,通进深9.8米,台口净高3.8米,台面距地面1.5米,戏台总高约10.5米。戏台前后东西皆开敞,中设木隔墙区分前后台,共有6个上下场门。明间演出区6.10米×5.88米,设门四道"出将""入相";左右次间各置一道马门,为演出武戏的延伸场地。戏台原本是设有藻井的,在1982年修复中被拆除了。台基做透空状,底端离开地面约30厘米,正面用木板封基壁,起到更好的防潮防湿效果。

综观这一历史时期的祠堂台,其造型、格局等除了极个别有小的变化外,基本上与敦本堂的建筑形象和结构等都相差不大。其原因应该是戏曲与祭祀及礼乐教化的紧密结合,使得乐平地区此时的戏台不易获得独立发展的空间。这种依附于神庙或祠堂的祠堂台因为其特殊的功能和地位,得以与祠堂同时保存下来,成为乐平的宝贵文化遗产。

乐平还有一种特殊的戏台形制,即双面台,也称晴雨台、鸳鸯台。清嘉庆至道光年间,乐平古戏台建造形制发生明显的变化,陆续出现了我国其他地方少见的双面台形制。究其原因,在历史的进程中,乐平因地理环境优越,自然物产丰富,由北方及邻近地区迁徙而来的民户逐渐增多。据记载,明万历二十年(1592年)民户为33 619户,至清乾隆后期增长至46 500户,县内人口大幅增长。另加之清时乐平地方民间戏曲更加繁盛,戏班众多,民众爱戏成风。之前的祠堂台那种狭小的舞台场地和祠堂内的看场空间,既不便于演出大戏,又容纳不了更多的观众,加之祠堂是神圣庄严肃穆的场所,平常是不允许过于喧闹的。因此,为了平衡好祠堂和民众戏瘾之间的关系,乐平古戏台的建造形制开始发生演变,出现了一种新的形制——双面台。双面台是指在祠堂台的背面再加筑一戏台,称为"晴台"(图2-19),原来的祠堂台称为"雨台"(图2-20)。晴台面向开阔的广场,台面也做得远比其背面的雨台更加宏伟、精致、壮美。晴雨两台共用一顶,相互背依,巧为一体。原本的祠堂台(即雨台),内有厢廊和阁楼,雨天族众可以在室内观戏,不会受到天气影响。平时,雨台背面的晴台是用木板封闭的。若是为容纳更多的观众且恰逢晴天,这时便会拆掉晴台上的木

图2-19　袁家村晴雨台(晴台)

图2-20　袁家村晴雨台(雨台)

板,把原来的祠堂台改作后台,晴台作为演出的前台。这样的双面台,可谓宜晴宜雨,宜大宜小;内部满足宗族活动的需要,外部满足民众狂欢的需要,两者相得益彰。

乐平的双面台大多建于清嘉庆至道光年间,此类戏台打破了以往祠堂台坐南朝北、面向祭堂的规则,实现了从最初的娱神娱祖到娱人的过渡和转变。敬神的功能减弱,更多的是为了满足乡村民众的文化娱乐生活的需要。双面台是最具乐平特色的一种古戏台,是乐平戏台从祠堂台过渡到万年台期间的产物。

双面台存在的数量并不多,据记载目前仅有20座。虽然数量少,但具有较高的研究价值,是我们研究乐平古戏台的重要史料之一。乐平双面台的主要代表有:镇桥镇浒崦名分堂双面台[道光十二年(1832年)建],袁家村双面台、坑口双面台[道光二十四年(1844年)建],天济(彭家)双面台[道光十二年(1832年)建],南岸(余家)双面台[乾隆三十八年(1773年)建]。其中,浒崦村名分堂古戏台是乐平晴雨双面戏台中的精品,也是民间建筑和装饰艺术的杰出代表,具有极高的研究价值。

镇桥镇浒崦村距乐平市城区13千米,据谱载宋代程氏从安徽歙县

迁至此处建村。村子因地势四周低洼,中间略高,可免受水淹,故取名
"浒崦村"。村内迄今保存有古饶州风格的传统建筑近30栋,其中最有
代表性的便是浒崦程氏名分堂。名分堂位于浒崦村东北口,是程氏大
姓的宗族祠堂,按当地的说法此处为风水绝佳之地(图2-21)。民国二
十六年(1937年)的《浒崦程氏》宗谱记载,该祠堂建于清嘉庆二十二
年(1817年)。戏台则于清道光十二年(1832年)初筹建,历时三年竣
工。清同治十一年(1872年)进行过大修。1981年和2002年先后进行
过局部修缮。

图2-21　浒崦程氏名分堂广场前的一泓清潭

　　名分堂祠堂为穿斗抬梁式混合木构架,封火山墙,硬山顶,阴阳瓦
屋面。整体结构和装饰与戏台相比要简朴很多。祠堂面阔14.9米,进
深31米,总建筑面积460平方米,三进三开一明堂。整座建筑由戏台、
天井、厢楼和正堂(祭厅)等构成(图2-22)。戏台两侧分置一对称大
门,沿边道进入院内,院中天井两侧是看楼(厢楼)。上下两层的厢廊
将祭厅和雨台连接起来。正堂面阔11.74米,进深七间10.35米,彻上
明造。左右各四根檐柱上悬挂着楹联,连接檐柱的月梁上雕刻着蔓草
纹。中国历来讲究"图必有意,意必吉祥",蔓生的花草构成活泼饱满
的纹饰,带有一种欢乐的色彩,蔓为带状,谐音"万代",且雕刻形似如

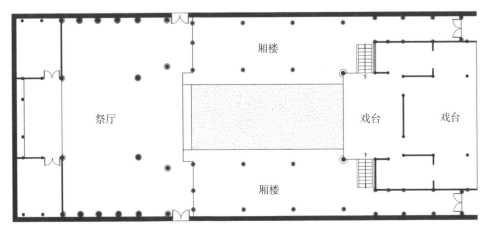

图2-22　浒崦名分堂平面图

意,故寓意"万代如意"。①厅堂正面悬挂两块匾额,其上分别书"名分堂""义结千秋"。东西两间厢房一般用来存放宗族族谱。浒崦戏台为名分堂程氏宗祠的衍生物,在祠堂建成14年后,族人才开始筹建戏台。

　　戏台坐南面北,朝北的雨台正对厅堂(图2-23),朝南的晴台面向广场(图2-24)。晴天在晴台演出,台前广场可容纳更多的观众;雨天在雨台演出,观众在院内观剧,深深的回廊、看楼、正厅均可作为避雨和观戏的场所。其中,晴台为主体建筑,雨台无论是在用料上还是装

图2-23　从雨台上看厅堂

图2-24　面向广场的晴台

① 李年华:《镇桥镇浒崦名分堂古戏台》,《走遍乐平》第60期,2018年第6期。

饰上都要逊于晴台。

戏台造型采用中国古典牌楼式样,三间四柱三凤楼两硬山,前后两台的明间屋顶均高起,其中晴台的屋顶升起两层歇山顶,并配以灵动飞翘的四翼角。飞檐翘角直冲云霄,气势恢宏。翘檐下则是几枚风铃铜铎,风起铃摇,声音清脆悦耳。两侧山面为三叠式马头墙,墙体以青砖砌成,并用石灰粉刷,整体形成一种规整而又富于变化的格局。屋顶中央矗立五彩塔刹式葫芦宝瓶,瓶顶一组方天画戟直指苍穹,既是装饰,也是古代的原始避雷针。正脊和斜脊上有用青麻石雕刻的貂鼠,貂鼠身体内设置铁丝钩,挂着斜脊瓦件,可抵抗大风。正脊两端为鳌鱼状的吞脊兽,兽尾翘立,兽头有卷曲的铁丝直通地下,在雷雨天可起到避雷的作用,从寓意上来说又是防火消灾的吉祥物。[1]晴台和雨台均设阑额、普柏、牌楼式斗拱五层。其中,北面梁头伸出撑起垂柱,各垂柱间安枋,枋上遍施雕刻。垂柱与檐柱间安撑拱,撑拱圆雕为罗汉、狮子、仙人、鹿等造型。在与枋垂直的翘面上点缀方形晶片,在光线的作用下熠熠发光,使整个屋檐下方不会显得过于昏暗。戏台所施雕刻之处均敷以重金,甚至敷金的檐下梁枋上也点缀晶片,放眼望去,整座戏台一派金碧辉煌、美轮美奂之像(图2-25、图2-26)。

浒崦戏台晴台呈长方形,台高1.65米,台宽10.1米,台深5.4米,台

图2-25　浒崦戏台晴台细部图

---

① 李年华:《镇桥镇浒崦名分堂古戏台》,《走遍乐平》第60期,2018年第6期。

图2-26　浒崦戏台晴台额枋、由梁

图2-27　戏台正上方的圆穹式藻井

口净高3.35米，台面距中央藻井4.55米。面阔三间，东西两间前端为伴奏人员工作区域，后端左右各置厢房一间。"出将""入相"两门分别对称地位于后屏壁两侧。明间表演区为正方形（5.4米×5.4米）。明间顶部中间由金柱和垂柱支撑起一井口枋，枋与额枋之间安天花，井口枋内由如意斗拱不断螺旋上升组成圆穹式藻井（图2-27）。戏台上设藻井是清代戏台最常见的现象，而像浒崦戏台正间上方这种覆钵式也是乐平藻井的最常用形式。藻井以十三层如意式斜拱层层收缩呈涡流状盘旋而上，至顶形成一圆井，井上安装盖板，盖板之下再雕飞龙戏珠，使藻心更为突出。藻井内还镶嵌圆雕的《封神演义》中足蹬祥云的八仙。两侧的藻井为轿顶式。圆穹式的藻井在这里主要起到三个作用：一是遮盖梁架等构件，起到了很好的装饰作用。二是扩大了舞台纵向空间。演员演戏时因角色需要可能要戴高帽花翎，或打斗时舞枪弄棒，这都需要高大的空间，高高的藻井恰好能满足这一要求。三是起到拢音、扩音的效果。明间檐柱挂木镌烫金楷书楹联，正间后方用四块雕刻精美的木板壁雕花隔扇作为晴台和雨台的隔断。隔扇上方走马板上悬挂一块刻有十八罗汉且做了镏金处理的"久看愈好"的匾额（图2-28），笔力遒劲，通俗易懂，富有乡土气息。"久看愈好"既是对戏台建筑本身奇巧复杂、豪华艳丽

的褒奖,也是在赞美浒崦古戏台
建筑实现了功能与艺术的完美
统一,同时还指乐平的戏剧愈看
愈好,愈听愈令人着迷。

图2-28 浒崦戏台晴台匾额

雨台台面高 1.55 米、宽 5.9
米、深 4 米,台口净高 3.1 米。正
面两根粗大的檐柱一头架着雕
刻精美的梁、枋(图 2-29、图 2-
30),另一头连接着回廊。顶部由两垂柱与金柱撑起井口枋,垂柱与檐
柱间斜插角枋。枋间安木板天花,枋上雕刻花鸟及戏文故事,隔扇上
方走马板上悬匾额。台中央两侧各有两间相同的耳房。雨台的由梁
长约 5.5 米,中间微微拱起。与晴台不同的是,雨台的由梁仅在拱起之
处和两侧端施以雕刻,其上镂雕着"汉女和亲""昭君出塞""蟠桃会"等
戏剧场景,并贴金装饰。檐柱上由梁下方的雀替为贴金鳌鱼,额枋下
和由梁的下端雕刻有蔓草如意纹、缠枝莲纹等吉祥图案。雨台天花未
施藻井,直接采用朱漆平面木板来遮盖顶部构造。从雨台进入东西两
厢房的月梁上镂雕有"薛丁山大战樊梨花""三英战吕布""打金枝"等
古典戏曲人物、故事。与晴台相比,尽管雨台的由梁、各层额枋等在镂

图2-29 浒崦戏台雨台梁、枋

图2-30 雨台梁、枋细部图

雕制作工艺上都极为细致豪华,但整体气势与繁复程度均要比晴台逊色许多。放眼望去,雨台更多的是典雅、秀丽之美。

通常在不开台演戏的情况下,为了避免风霜雪雨、光照、灰尘对戏台造成的风化和侵蚀,都是用木板将晴台整个封盖好,能对戏台起到很好的保护作用。若戏台开戏或者有远方的客人来参观,村中会安排专门的负责人将木板认真细致地拆下(图2-31)。面对村子里的"国保",村民们每每说起来言语间都充满自豪和荣耀感。

图2-31 拆卸戏台封板

浒崦双面戏台建造于嘉庆道光年间,是在戏台不断发展过程中演变出来的一种新的戏台建筑形态。从建筑形式上来看,双面台依然是依附于祠堂台的,但是又不同于单纯的祠堂台,新增加的晴台已经成为主台。从本质上来说,此时的双面台已经突破了原来古戏台建筑坐南朝北、面向主厅的规制,实现了从最初的娱神到现在的娱人的过渡和转变。戏台逐渐成为乡村的公众娱乐之地,这对之后戏台的发展有着重要的意义。另外,单论祠堂,浒崦的名分堂可以说平淡无奇,与乐平众多祠堂一样,并无特别与突出之处,但是戏台(尤其是晴台)的地位举足轻重。浒崦戏台无论是建筑造价还是奢华程度都远远超过祠堂,逐渐地人们似乎已经普遍认识到浒崦戏台的地位在祠堂之上,成为名分堂的主体建筑,祠堂反而像是戏台的附属建筑了。至于这一时期为何会出现这种现象,综合分析其原因应在于:当时民间戏曲发展繁荣,戏曲的主要作用已经不仅仅是娱神娱祖,反而更多地成了普通百姓所热衷的一种文化娱乐活动。但同时乡民们的传统观念还未完全转变,民间信仰的意识还比较强烈。这种较为矛盾的心理状态催生了双面戏台的问世。①道光之后便很少见到此类戏台,说明了双面戏台只是乐平古戏台发展演变过程中的一种过渡性戏台。

2.万年台

在乐平现存的古戏台中,还有一类数量最多、分布最广的戏台类型,即万年台。万年台有354座(据2018年统计资料),占乐平戏台总数的76%,可见万年台之普及。万年台是指不再依附任何建筑,单面且独立成为主体建筑的戏台。这类戏台通常坐落在村庄中心的广场,或者村头空阔之地,联街通巷,民众易聚易散。戏台上演出戏曲时,也不仅仅限于本族人观看,而是全村杂姓民众或外村人均可观看。乐平的万年台大多建造得宏大、豪华、艳丽,戏台面对空阔的广场,台前广场可容纳几百甚至千余人。广场上无任何看台设施,如若观戏则需自带坐具或只能站着观看。万年台的出现,说明乐平民间戏曲已经从娱神娱祖过渡到娱祖娱人,再过渡到完全的娱人,成为普通老百姓的重要文化娱乐形式。万年台的命名也体现了乐平民众对此类戏台的钟爱,表达了万千观众对戏曲的迷恋和对这类戏台能万年永存的美好祝愿。

当前,乐平具有代表性的万年台有横路万年台、镇桥坑口万年台、众埠界首万年台、接渡杨子安万年台(现乐平最大的戏台)。横路万年台(图2-32)位于乐平市城区北约20千米的双田横路村。该村为叶氏世居,据谱载唐乾符六年(879年)叶氏从婺源迁至此。

横路古戏台建造于清道光年间,是一座艺术品位极高的戏台,造型气势恢宏,端庄肃穆。戏台坐南朝北,为三间四柱三凤楼式,重檐三翘歇山顶。台高1.2米,通面阔11.2米,通进深8.5米,台口净高3.3米,演出区域为4.4米×3.3米。戏台两侧砌筑风火山墙,台前为一长30米、

---

① 徐进:《民间信仰视阈下的乐平古戏台研究》,《装饰》,2015年第1期。

图2-32　横路万年台

宽15米的方形看场。为能更好地保护戏台,使戏台更长久地留存在横路村这片土地上,戏台曾先后几度修缮。1957年,由村族长叶水生主持进行了一次大的修缮,修缮工作由主墨师傅叶水根带工匠完成。戏台栋梁(脊檩)上有墨书:"一九五七年夏修建,横路手工业合作社师傅造。"

　　该戏台与其他万年台相比,有其独特之处:第一,戏台的平面格局是传统戏台中少有的呈三面开口的伸出式,是三面观万年台,这在乐平古戏台中并不多见。其优点是扩大了观剧空间范围,方便观众从三面观赏戏曲表演。第二,整体造型美观飘逸,比例匀称,结构合理,造型优雅。上部屋顶嫩戗起翘的飞檐和中部的额枋、由梁以及下方的台口,不论是细部观赏还是整体观望,均令人叹为观止(图2-33)。第三,由梁跨度极大,达到9.5米,这在乐平古戏台中是很少见的。多数戏台由梁跨度都在7米之下,个别者超过7米。第四,此万年台为清水作(图2-34),未做过大的修缮,没有后代的油漆粉刷等,依然保持着十分古朴的风格。此外,戏台小木作构件如鳌鱼雀替、狮子斜撑、垂花、窗棋等可谓件件精细。尤其是飞翘翼檐下方的拱昂,作如意斗拱状,转角处更有一特殊饰件层层叠叠向四面八方伸展,酷似一朵盛开的菊花。当地称这一饰件为蜘蛛拱,又称为"喜喜儿拱",寓意"喜从天降",是当地的一种特色斗拱。

图2-33　独特的屋顶造型

图2-34　戏台清水作

　　经百年岁月的洗礼,现戏台保存相对完整,结构坚固,构架也较稳定,虽风貌略显沧桑,然风姿卓然,是乐平万年台中的典型代表。另有两座万年台也较有代表性,分别为众埠镇张家村万年台和鸬鹚镇韩家村万年台。

　　张家村万年台(图2-35)位于众埠镇张家村,距众埠镇东南10千米。该村为张姓世代居住,村中现存一老一新两座万年台。老台复建于民国二十六年(1937年),戏台坐东朝西,五岳山墙,五间四柱风楼式,三翘重檐歇山顶。戏台台面高1.5米,通面阔14.3米,通进深10.83米,台口净高3米,明间演出区域为4米×4米。两梢间各向后退1.83米,整个戏台平面呈现一个"凸"字形。该万年台独特之处在于,屋顶依次向外跌落推出,构成了曲折有致的屋面轮廓线,极具层次感。飞檐翘角更加细长,呈高高飞举之势,彰显了乐平人富有张力的性格特点和对子孙"飞黄腾达"的殷切期望。现戏台已经有些破败,使用率不是很高,之前甚至作为"老年协会活动中心"使用。斑驳的台基和墙面似乎在向世人诉说它所经历的岁月和社会的变迁。张家村万年台是民国时期乐平万年台的典型代表。

图3-35　张家村万年台

　　韩家村万年台位于鸬鹚镇韩家村,韩家村地处鸬鹚镇东5千米的乐安河北岸,是乐平地区历史较为悠久的自然村之一,村后左侧是新石器时代的文化遗址,右侧是汉代墓葬群。据族谱记载,宋代韩氏从婺源韩家坞迁此立村,并命名为韩家村。韩家村万年台坐西面东,三间四柱硬山屋顶,戏台两侧山墙处有八字关口。据了解,戏台屋顶原有飞檐翘角,现为简洁普通的两面坡屋顶。虽较为简单且陈旧,但从通体装饰上仍能看到戏台当年的风采,可谓豪华无比。戏台通体镏金,并镶嵌玑瑙。戏台由梁正面满工镂雕,正中为戏文故事,两侧是双凤朝阳,底面浮雕双龙戏珠。其他各枋、梁均满工雕刻戏文人物故事、龙凤花草。阁楼之上是鹅颈承檐,每格鹅颈均以金水绘花草珍禽,并以玑瑙点缀,闪闪发光。四根金柱将戏台分为一明两次间。戏台明间上方设有藻井,以七层如意斗拱螺旋而上成覆钵式。屏壁上悬挂有暗地花鸟烫金"庆乐尧天"匾额,六副戏联髹漆贴金。韩家村万年台装饰繁复、雕刻精湛,2006年被评为省级文物保护建筑。截至2019年,具有代表性且规模宏大的戏台为接渡镇杨子安万年台,高17.2米,宽21.8米(图2-36)。

图2-36 接渡镇杨子安万年台——当前乐平规模最大的戏台

第二节
乐平古戏台建筑形制分析

戏台常作为某一地区最高水平建筑的代表,各地不同的建筑形制或风格自然会投射到它身上,戏台因此而具有鲜明的地域特征。

乐平古戏台基本采用牌楼式结构,这是由中国古典建筑牌楼形式演化而成的。作为江南乡土建筑的典型样式,古戏台屋顶通过增加重檐或层数,使戏台呈现楼阁之观。这种方式使戏台更加辉煌,建筑造型更加丰富。虽说对戏曲表演本身并无多大用处，但乐平地区有相当数量的戏台采用这种屋顶形制。可以说，乐平古戏台既有庑殿建筑的古典庄重，又兼具了楼阁式建筑的灵巧秀美。总体来说，戏台建筑形制较为灵活，大致有五种基本形式，其中以三间四柱戏台最为流行，留存数量也最多。这说明在当地无论是明清时期还是现当代，戏台建筑丝毫不忌讳明间柱子遮挡住观众视线。

1.三间四柱硬山式戏台

这种类型的戏台比较简单朴素，属于早期建造的一种戏台，如同一座三开间的房屋。屋顶形制简洁朴素，硬山屋顶，三开间的舞台表演空间，中间的主要开间大于两侧的次间，两侧为带马头墙的山墙，造价比较低。如鸬鹚韩家村万年台、接渡林里万年台（图2-37）、后港高桥戏台、钟家村戏台等。

2.三间四柱一楼式戏台

此类戏台明间的屋顶抬高，多数还会在正间抬高的屋顶上配以翘角，为端庄的戏台增添了几分轻盈灵巧之美。如塔前岩前范家祠堂台（图2-38）、后港义芳戏台、魁保村戏台、傅芳余家村戏台等。

图2-37 三间四柱硬山式（接渡林里万年台）

图2-38 三间四柱一楼式（塔前岩前范家祠堂台）

3.三间四柱三楼两硬山式戏台

这种类型的戏台屋顶略显复杂,在明间升起三重楼,形成歇山屋顶,两次间仍为硬山屋面,马头墙山墙,共有五个屋面。明间三重楼的升起,使戏台各开间主次分明。目前这种形制的戏台留存最多,所占比例近三分之一。如双田龙珠万年台(图2-39)、浒崦古戏台、流芳古戏台、菱田村戏台、龙溪村戏台等。

图2-39 双田龙珠万年台(图片来源:《中国乐平古戏台》)

4.五间四柱五楼式戏台

此种戏台的构架较为复杂,不只有五个屋面,且有五个开间,中间三个开间敞开为舞台,两梢间稍作后退,以凸显三开间舞台的主体地位,梢间主要供乐队使用,此种形制的戏台功能更加齐全。戏台左右三对戗角冲向云霄,三开间表演区歇山顶层层升起,五重楼依次向外跌落的歇山顶构成了变化多端、造型丰富的屋顶轮廓线。如文山张家戏台(图2-40)。

图2-40 五间四柱五楼式(图片来源:赵迪)

5.五间四柱五楼两硬山式戏台

此种戏台是乐平现存戏台中结构形式最为复杂的。与第四种类型不同的是,此种类型戏台把两梢间的屋顶做成硬山顶,中部三开间戏台部分做层层升起的五重楼,总共形成七重屋顶。整个屋顶层层跌落,屋角峥嵘,极富动感。如众埠界首古戏台(图2-41)、塔山南岸余家老祠堂台、鸬鹚乡韩家村新万年台。

图2-41 五间四柱五楼两硬山式(众埠界首古戏台)

这五种结构形式的戏台有着大致的共同点:基本都为牌楼式、单面观戏台,三五重不等,有着高耸挺拔的飞檐翘角。屋脊中央插方天画戟,正脊两端为翘起的鳌鱼形象,以与飞檐翘角的结构形式相呼应,两侧砌筑单阶式、三阶式或五阶式马头墙。戏台中部用后屏壁将前后台分隔开,中间的单开间或三开间用作表演区,两侧的次间作为乐队区。后屏壁两侧均为"出将""入相"的上下场门,有的根据戏台的面阔情况甚至做两对或三对场门,戏台中央天棚均做藻井,台面距天花4米左右,台口至后屏壁进深4~5米。

建筑是一种文化载体,建筑的形制特点有着复杂的历史文化背景,并向人们传递着特定的历史文化信息。乐平古戏台起源于祭祖娱神的民间信仰,又是回归民众世俗生活的一部分,它是神性与俗性完美融合的产物。在乐平乡村,古戏台是最显眼、最独特的一类建筑,其高大雄伟的造型是一般民居无法企及的。古戏台形制的庄严,让它少了一份民居所具有的人性的亲切感,而其上的装饰相对于肃穆的神殿建筑,又呈现出较多的凡性色彩而显得神性不足。这种形制与审美的矛盾呈现出神俗相融的特征,与戏台的文化特性密切相关,也与乐平的地域文化特点密不可分。古戏台在乐平民间承载了多样的文化功能,反映着民间文化的不同层面,而古戏台的文化功能又影响和决定了古戏台的建筑形制。

第三节
乐平古戏台的平面形式与艺术特色

乐平现存戏台多为祠堂台和万年台。祠堂为长方形四合院形式,戏台与祠堂连为一体,一般在最外一圈檐柱外砌筑围墙(马头墙),将整座建筑围拢。从平面布局上看,祠堂台一般主要有四部分:大门(戏台)、天井(两侧为厢廊)、中厅(正堂或享堂)、祭厅。也有的祠堂台只有三部分,即将中厅与祭厅合并作为一个空间(图2-42)。万年台因为是从祠堂中独立出来的戏台,不再依附于祠堂,故平面布局上与祠堂台或双面台有所不同。

从乐平现存传统戏台来看,无论是祠堂台还是万年台,平面形式均为横向长方形,且戏台基本为一面观的形式,较少有三面观的。戏

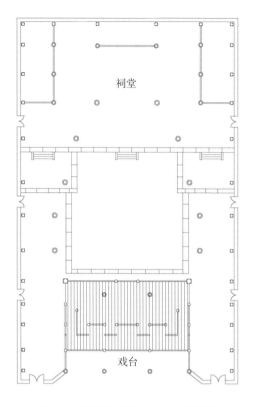

祠堂

戏台

图2-42　涌山稍田村朱家古戏台平面图

台面阔从早期的一间式变为三间式，甚至五间式。戏台上不设侧门，表演者从上场门入场，下场门出场，无须将侧台作为表演的辅助场地。戏台后方固定的板壁将戏台一分为二，隔出前台和后台。前台是戏曲表演的舞台，后台为演出准备区，可以存放戏班演出的衣物、鞋帽等物事，演员也可在此化装、打扮。戏台前台的进深一般比后台要深，面积要大。晴雨双面台的板壁则一般在戏台的中间位置，前后台进深不相上下，面积相当。演出时，板壁前后的空间可互为前后台。有的戏台两侧会增加两个硬山式的梢间，梢间的功能也与后台相似。板壁两侧各开一门，门洞上方刻有"出将""入相"的门额。从戏台右侧上场，称作"出将"；从左侧下场，称作"入相"，门额作为演员们演出时上场和下场的门户。由于戏剧情节有简单和复杂之分，且戏台的规模也各有差异，因此戏台上下场门的数量会有所不同。在较大的戏台上演出具有复杂情节的戏剧时，剧中人物众多，上下场门的数量自然就需要与戏剧相适应。乐平戏台中比较多见的为两个上下场门，有的多至四个或六个，如乐平市坑口戏台就有六个上下场门。演出时，演员们进进出出，场面极为热闹。

过去，戏台上没有为伴奏者和乐器提供独立的空间，而是将其与表演者共同置于台上，伴奏场面成了戏曲表演的一部分，人们并不介意伴奏者及乐器在表演台上的存在。后随着戏曲剧目情节的逐渐复

杂,演出队伍的日益庞大,对舞台有了进一步的要求。加之演奏乐队
又有文场和武场之分,文场的管弦乐和武场的打击乐所需乐器种类多
样,乐队人数也不断增多。虽然戏台面积也在不断扩展,但依然不能
同时为演员和伴奏者及乐器提供足够的区域,如果伴奏者继续占用表
演台面积,或多或少都会影响演员演出和观众的观剧效果。此时伴奏
区域开始转移到台口下场门一侧的次间,成为独立的伴奏空间。此处
可以清楚地看到演员上下场的情况,利于乐队节奏的控制,同时又为
演出某些大戏提供了足够的舞台空间。

　　不管是万年台还是晴雨双面祠堂台,戏台前方观戏的场地常常是
一块或大或小的空地。观众们多站立观看,仅仅在离戏台近的地方会
临时设置部分座位。观众边看边聊天,离戏台稍远处还允许商贩们做
点小生意。随着人们对观戏经验的总结,戏台虽已经被抬高到一定高
度,但在距离稍远的地方,视线还是会有所遮挡。尽管如此,人们还是
会采取容忍的态度,毕竟仿照现代剧场修建大规模的观众席代价太
高,且观众多有流动,未必会坐在席位上专心看戏。

第三章
乐平古戏台建筑材料与工具

第一节　古戏台建筑匠作与营造分工
第二节　传统建筑材料与工具
第三节　现代建筑材料与工具对传统营造技艺的影响

第一节
古戏台建筑匠作与营造分工

　　旧时,乐平建筑行业的匠人分为两种:一种是以农耕为主兼做建筑工匠的本乡本土农民,农忙时务农,农闲时做工。他们一般不会轻易离开乡土远走外地,通常在十里八乡上门做工,一日三餐由东家负责,同时拿取工钱,早出晚归。另一种是长期从事建筑行业的工匠。古时官府的建筑营造通常由匠役制中的世袭匠户担任,遇到有大型工程或者特殊项目,采取征召的方式,募集民间有不同专长的匠人参加施工,竣工后各工匠领取报酬返乡。

　　在古戏台传统营造中,主要由木工、锯工、雕工、泥瓦工、石匠、铁匠、油漆工等通力合作,各尽其能,共同完成一座戏台的制作。

　　按照施工的流程和顺序,首先要确定的是掌墨师傅。掌墨师傅相当于今天的总设计师兼技术总工,一般是总体施工的组织者和设计者,有很强的设计与组织施工能力。其负责根据选地的情况与东家确定方案,例如建筑的形式和尺寸等,同时还负责备料、验料、定位编号、丈杆制备等。

　　木工分为"大木"和"小木":大木作师傅负责构件制作(主要是大木材料,例如梁、柱、枋以及柱、枋的穿插排列)、竖屋请梁、架檩、铺椽子等,确定建筑物的骨架。小木作师傅一般负责非承重木构件的制作和安装,例如门板、天花、窗格、藻井、地板等小木作的制作和安装。

锯工在乐平当地也被称为"解工",主要负责锯解木料,也就是当地人所谓的"出料"。在木材运到施工现场后,由锯工根据掌墨师傅的要求解、截木料(称"出粗料"或"出毛料"),为后期大木作师傅制作细料做准备。

雕工主要负责木、砖、石的雕刻。乐平古戏台营造中的雕刻部分主要指的是木雕,局部涉及砖雕和石雕。操作时涉及三个要素:设计、用材、技艺。设计主要靠的是雕刻师傅的艺术想象力和基本功,操作前需将所要雕刻的图形及尺寸和比例都确定准确;然后根据构件类型和尺寸选择合适的木料;技艺则是指师傅具体的雕刻技法和操作工艺。木雕的构件一般是柱、由梁、枋、雀替等,砖雕和石雕主要针对的是柱础和屋脊。

泥瓦工主要负责戏台两侧和后方墙体以及马头墙的砌筑,在屋面施工中铺望砖、上瓦、做檐口、做屋脊等。

石匠主要负责宗祠、戏台等建筑的柱础磉盘、门头匾、台基、影壁座、石狮、石鼓门枕石、石牌坊等的制作。

铁匠负责制作戏台屋顶正脊中央的方天画戟,以及吊在栋梁中间的铁箍等。

油漆工则是负责在雕刻完成且戏台全部构件搭接好、木材水分基本干燥之后,在戏台的各木构件上做地仗油漆,以起到防腐、防开裂的作用,同时还负责在木构件表面雕刻的位置贴金等。

在实际操作中,主要涉及的工种是木工、雕工、泥瓦工和油漆工,其次是石匠、铁匠,其他工匠参与的并不多。

第二节
传统建筑材料与工具

| 一、传统建筑材料 |

1.木材

　　乐平传统戏台的建造一般就地取材,当地的生态资源对戏台的用材和营造技艺的形成有很大影响。乐平地处赣东北丘陵与鄱阳湖平原过渡地带,东北南边沿多山,中部平原与丘陵交错,西部多平原,属亚热带季风性气候,四季湿润宜人,资源丰富,具有典型的江南特色。

　　乐平山地土层较厚且肥沃,透水和透气性良好,有利于树木的生长。正因当地有优质的木材,才为乐平古戏台建筑的营造提供了良好的原材料,人们才可以看到用材硕大、雕刻精美的梁、柱等极具特色的构件。乐平地区具有丰富的建造戏台所必需的木材,盛产杉、松、香樟、椿等树种。尤其是樟木资源"甲于他邑",这种阔叶树材质较硬,刨削后表面光泽度好,纹理美丽、耐磨,主要用于小木作。樟木纹路呈现扭曲或交叉形式,故性能稳定,不易断裂和变形,因此古戏台藻井或者弯椽的制作一般都会选用樟木。其他一些需要雕刻的木构件中采用樟木的也很多,尤其是在一些小构件的制作或镂雕中,更是会采用樟木,这样镂雕出的构件不容易因为温度的变化而产生断裂。在古戏台营造的一些大木构架(包括梁、柱、椽、枋、望板以及地板等)制作中,则是杉木用得最多(图3-1)。其特点是纹理通直,质较软,易加工,不易受白蚁蛀蚀,干燥性和耐腐蚀性都较好,不容易翘裂,是很好的木构件用材。椿木一般成材较慢,通常不会用作主料,常做一些小料、杂料,例如用椿木做销子。

图3-1　用当地的杉木做戏台地板

2.石和灰

石料的选用与石材的质量和运送的距离有很大关系。在近山的地区大多就地取材。乐平地区丘陵、盆地、山地俱全,石材资源丰富,因此营造用石多就地开采。乐平周边的山石多为红色岩系,山体赭红,石灰岩、砂岩储量大,品质高,给当地传统建筑的营建提供了大量价廉质优的建筑材料,通常主要用作基础、墙体、铺地等,例如用石灰岩、砂岩等加工而成的石块、碎石子、石灰等被大量用于戏台的地基(图3-2)。硬度高的岩石则可加工成戏台柱础、地栿、阶沿石(台明

图3-2　用当地盛产的石灰等材料做地基

石)、祠堂大门匾额、踏步、台基、石柱、墙脚的压面石、天井明塘的铺装、大门的抱鼓门枕石、石臼等。

3.砖和瓦

砖瓦的出现改善了中国古代木建筑的质量,延长了建筑寿命。明清时期是砖和瓦的极大普及时期,砖瓦成为广泛使用的建材。乐平古戏台恰是在明清时期得到极大的发展,因此作为乐平传统戏台建筑的重要材料之一,(青)砖(青)瓦用量较大。乐平的砖瓦(图3-3、图3-4)主要在当地的窑口进行烧制。

充分利用和发挥当地建筑材料的特性是乐平古戏台营造的一大特点,就地取材不但为戏台的营建节约了成本,降低了造价,而且乐平工匠在取材过程中可以不断

图3-3　墙体用的灰砖

图3-4　当地烧制的青瓦

地积累经验,造就了具有地方特色的乐平古戏台建筑和古戏台传统营造技艺。因此,良好的自然资源为乐平古戏台营造技艺的产生和发展提供了优越条件,对当地建筑材料的利用成为古戏台传统营造技艺中不可或缺的一部分。

二、传统建筑工具

工匠对工具是很讲究的,好的工具可以在制作过程中起到事半功倍的作用。乐平古戏台建筑从伐木到木构件加工、安装等,不同的工序需要不同的配套工具,很多传统工具及操作工艺流传至今。下面从戏台营造的流程来分别叙述主要工具的种类和使用。

1. 测量和画线工具

测量和画线工具是保证准确度和精度的前提。在古戏台营建过程中,多个工种都会用到这两类工具,如木匠、石匠、泥瓦匠。尤其是木匠师傅所用到的测量和画线工具,无论是种类还是数量都是最多的。

任何木构件都有长度、宽度和厚度的要求,有的构件甚至要求有角度和弧度。在木构件加工之前,首先要按照设计或图样由师傅在木料上画线,然后才可以加工。这里一般涉及两位师傅:一是出粗料的锯工师傅,二是掌墨师傅。他们根据要求在木料上测量、画线,便于将木料加工成所需要的尺寸。

测量所用的工具是尺子。俗话说:"木工九尺。"也就是说,建筑木工常用的一般有九把尺子,即直尺、五尺、规尺、曲尺、方尺、活尺、丈尺、爬尺、鲁班尺。由此可见,单是测量用的尺子就有如此之多。实际上在古戏台的营建中,量尺的数量并没有很严格的规定,师傅们会根据需要而有所调整,甚至在测量和画线过程中还会自制一些尺子临时使用。大致来看,乐平地区木工师傅用到的测量工具主要有鲁班尺(即门光尺)、丈杆、大小曲尺、直尺、活尺等。

作为中国传统测量工具的代表,鲁班尺(图3-5)扮演着重要的角色。鲁班尺全称"鲁班营造尺",是建造房宅时所用的测量工具,属于与堪舆术有关的占筮尺,用来测房宅的吉凶。古代建造房屋和制作家具

图3-5 鲁班尺

时,从整体到每一部位的高低、宽窄、长短,都要用此尺量一下,求得与吉利有关的刻度吻合,避开与灾凶有关的刻度,以满足祈求平安吉祥的心理。鲁班尺长一尺四寸四分,即鲁班尺与营造尺的比例为1:1.44,全长46厘米。乐平地区的房屋尤其是戏台、祠堂的营造尺寸都会遵照鲁班尺的规则。现在,鲁班尺的使用依然很多。例如,有巢氏古建文化有限公司的负责人齐海林,家里三代都为木工。据他说,其爷爷、父亲再到他这一代,对鲁班尺都掌握得很熟练。2019年,由齐海林主持重修的临港戏台,前期的设计中也是按照鲁班尺来确定戏台梁、柱等的尺寸。但需要注意的一点是,建筑尺度设计的标准及判断尺值吉凶是建立在各部件使用的基础上的,即根据实际情况将尺寸做灵活变动。各部件的高低、宽窄以适宜人的尺度为最基本标准,而不是墨守成规。笔者考察发现,随着时代的变迁,鲁班尺的使用逐渐减少,有些匠人(尤其是年轻工匠)只是将鲁班尺的尺寸规定作为必要时的参考,像古时那样严格按照鲁班尺尺法来确定尺寸的现已不多。随着社会不断发展,为了使用方便,且易于被多数人看懂,出现了一种更简易的现代鲁班卷尺(图3-6),当地木匠有时也会兼用这种度量尺。总之,无论是鲁班尺还是现在出现的鲁班卷尺,对其的应用都是为了契合人们

图3-6 现代鲁班卷尺与普通卷尺尺带

图3-8)。分丈杆往往要制作多根。

的生活和心理诉求。

丈杆一般在戏台大木制作和安装时使用,通常用质优而不易变形的木材如杉木做成,分为总丈杆和分丈杆。总丈杆尺寸较长,断面一般为边长5厘米左右的方形;分丈杆的尺寸则是按不同类型构件的长短来确定的(图3-7、

图3-7 总丈杆不用时为避免损坏,放在高处

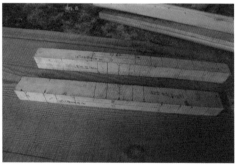

图3-8 分丈杆

　　曲尺又称画线尺、直角尺,也是木工最常用的工具之一。主要用来画垂直线和平行线,检验和测量构件表面是否平直或构件两相邻的面是否垂直。直角尺有金属制的,也有木制的,木制的一般为木工师傅根据情况自制。除此之外,另有一些自制的比较简易的小型尺子,使用起来简洁方便(图3-9、图3-10)。这类尺子往往是根据正在营建的戏台的需要所特制的,一般临时使用,在建下一座戏台时会依需要重新制作。

图3-9　木工自制的各种临时用的尺子

图3-10　用自制尺子画线

2.画线工具

画线工具主要有墨斗、竹笔(图3-11)等。墨斗是传统的画长线不可缺少的工具,由墨汁容器、线、线锤和脱线器四部分构成,轻便灵活。使用前要先将墨汁容器加足墨汁,使丝线吸墨。弹墨线时先定好木料两端的固定点,用定针插在木料的端头,然后左手握住墨斗,同时用大拇指将竹笔按住墨瓢(即丝线),以固定线车。然后边走边拖线至定点处,左手食指把墨线按在固定的点上。右手拇指和食指捏住墨线,垂直于操作面拉动并瞬间放开,此时,木料表面就被弹上一条清晰的墨印(图3-12)。用墨斗弹出的墨线直而且清晰,不易抹掉,因此墨斗成为沿用至今且木工师傅尤为喜用的传统画线工具。另一画线工具——竹笔是用竹片削成的画线笔,常与墨斗等配合画短线,使用时必须与尺子靠在一起才可将线画直(图3-13)。

图3-11　墨斗和竹笔

图3-12　大木师傅在用墨斗画线　　　　图3-13　墨斗与竹笔配合使用画短线

3.木作工具

（1）解木工具

解木工具主要指的是锯。俗话说："大木匠的斧，小木匠的锯。"[①]在大木作加工时，用锯将毛料制成符合一定要求的坯料，而后才可做进一步的细加工。锯是前期加工毛料的主要工具，主要用来锯解原木、截木，其次是小木作中的制榫，即锯出精确的榫肩。乐平地区用到的锯类主要有绵锯、框锯、刀锯等（图3-14）。其中，框锯使用最为广泛。框锯根据使用方法和用途可分为纵割锯和横割锯：纵割锯用于顺木纹方向的锯解，横割锯用于垂直于木纹方向的截断。细分起来有大锯、粗锯、中锯、细锯等。大锯的锯条较长，用于纵向割锯较大的木料，效率较高，是手工解木的主要工具。粗锯因锯条长度、宽度、厚度以及齿距的不同，其规格也有多种，主要用于沿木材的纹理方向平行切割，把大料锯成板或枋。中锯也叫截锯，锯条长度为550毫米左右，常用于垂直于木纹方向的纵向锯割，适合切断板、枋，也可以用来开榫。细锯锯条长度为450毫米左右，是一种密齿锯，用于精加工，适合锯榫、开肩等，主要由小木匠使用，既可以纵锯，也可以横锯（图3-15）。

（2）平木工具

所谓平木，就是将不同类型的粗料刨削、砍平，使其有一定的尺

---

① 李浈：《中国传统建筑形制与工艺》，同济大学出版社，2010年1月第2版。

图3-14　部分锯类　　　　　　　图3-15　木工师傅锯解待用的小型木构件

寸、形状和光洁的表面,满足构件宽度、厚度和画线的要求。[①]

　　斧是大木操作中不可缺少的砍削工具,其结构较为简单,主要用于木料的砍、劈、削,而小型斧头在凿孔眼和组装木构件时可用于敲击。斧又有单刃和双刃之分,乐平木匠常用的为单刃斧(图3-16)。单刃斧的一边有刀磨斜面,另一边略微向斧身内凹入。单刃斧导向性较好,砍出的木材表面平整,所以适用于砍、削。双刃斧则是两边都有刀磨斜面,斧刃在中间,适合砍和劈,但不适于削,与常见的劈柴斧类似。匠人们在用单刃斧进行砍削时会分辨好木纹方向并顺纹砍削,在砍较粗的原木时,首先需要锯工在木料上每隔10厘米左右横锯数道,目的是将外层木材纤维锯断,以减小砍削时的阻力,防止夹住斧头(图3-17)。同时砍削时以画好的墨线为界,并预留一定的刨削余量。

图3-16　用单刃斧顺纹砍削　　　　图3-17　在画好的墨线内砍削

---

① 李浈:《中国传统建筑形制与工艺》,同济大学出版社,2010年1月第2版。

在乐平古戏台的营造中用到的另一重要平木工具是刨子。刨子属于木作的精加工工具，主要用来将木料的表面刨平整或光滑。戏台木构件的制作中用到的刨子随着所加工木构件的不同而异，主要有平刨、滚刨、槽刨、线刨（图3-18至图3-21）。平刨又有短刨、中刨、长刨和净刨之分，或粗刨和大刨之分；滚刨的刨身短小，可以用来刨削各种弯曲面。例如平刨的使用方法是：锯解后的板在画线后，用中刨对个别部位重点刮平，再用细长刨纵横交替地基本找平，然后将细大刨（切削角约50°）的出刃量调到最小，顺木纹依次一刨紧挨一刨刮光。在操作中尽量做到一鼓作气，从一端刨削到另一端。操作中随时用眼睛（有多年操作经验的师傅通常靠眼睛）检查，以防止刨削不平。枋料刨

图3-18　长平刨

图3-19　槽刨

图3-20　戏台台板刨缝

图3-21　线刨的使用
（图片来源：齐海林）

光用的都是平刨（基本为粗刨和大刨），用粗长刨基本找平后，再用细长刨刨光。

4.雕凿工具

凿子，《说文》中有"凿，所以穿木也"的说法。段注："穿木之器曰凿。"由此可以得知凿的作用是"穿物"。凿是刃器，与之配合使用的还有锤（槌）。凿的最直接作用是促进了榫卯的发展，是用来开凿榫眼的重要工具。另外还与雕刻工艺有密切关系，在所有的木雕和石雕以及砖雕中，使用最多的便是各种大小的凿铲（图3-22）。乐平古戏台上以木雕最多，因此木雕所用的凿铲也是型号各异、种类繁多，例如圆铲、平铲、修光铲、打坯铲、三角刀、铲刀等。雕刻师傅在做木雕的过程中用到的凿铲有上百件之多。凿类主要有平凿、圆凿、斜凿、翘头凿、三角凿等，各种凿在型号与规格上又细分为很多种。

图3-22　各种型号的凿铲

凿子由凿刀和凿柄组成，凿身较厚，用于制作榫孔和剔槽，通常与斧头或锤子（铁锤或木槌）配合使用。凿子在使用过程中，凿刀受到的冲击力较大，因此要求有较高的强度。凿柄是用材质较为坚硬的木料制成的，以经得住木槌或斧头的敲击捶打。敲击用的方木槌硬度也极高，通常用枣木制作。

铲薄于凿，多用来雕刻和铲削，较少用锤击打，因此对铲的要求是轻便锋利。按照形状，铲大致有直刃、斜刃和曲颈等多种，用途也不同。直刃铲适用于剔槽和切削；斜刃铲刀刃锋利，可以代替刻刀进行雕刻；曲颈铲铲身呈鹅颈形，刃部同铲，用以剔槽或修削隐凹处。铲在操作时更多的是依靠腕力和上身的压力来铲削和修刮构件，通常的操

图3-23　铲的使用

作方式为手紧握铲身,铲柄端部紧压右胸肌处(图3-23)。

横向铲削时,为减小阻力,可将铲倾斜一定角度切入木料,近似刨削。对于一些较小且精度要求较高的构件,为确保加工质量,不能用力过猛或切削过深,右手除紧握铲身外,还要有一个向上提铲的力量。①

5. 砖瓦作工具

砖瓦匠又称泥水匠,匠人师傅们常自带工具,工具品种繁多,归纳起来主要有砌墙类、抹灰类、尺类、墁地平整类,包括瓦刀、灰板、抹子、鸭嘴(尖嘴抹子,也是一种抹灰工具)、錾子、重垂、平尺、活尺、扒尺、矩尺等(图3-24)。

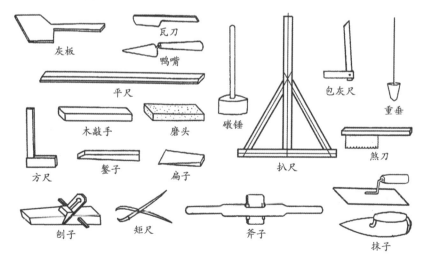

灰板　瓦刀　鸭嘴　平尺　木敲手　磨头　礅锤　包灰尺　重垂　方尺　錾子　扁子　扒尺　然刀　刨子　矩尺　斧子　抹子

图3-24　常见砖瓦作工具(图片来源:《中国传统建筑形制与工艺》)

————————————————————

① 李浈:《中国传统建筑形制与工艺》,同济大学出版社,2010年1月第2版。

另外,戏台屋面上多处采用砖雕,由于砖雕材质特殊,较为脆弱,因此砖雕工具不同于木雕工具,相对来说要更加坚硬,主要有各种型号的雕刻凿、木敲手、方木槌、磨头等。

6. 石作工具

在乐平传统建筑中,石匠主要负责宗祠、戏台等建筑的柱础磉盘、门头匾、台基、影壁座、石狮、石鼓门枕石、石牌坊的制作等。

石匠所用的工具主要分为量划类、凿錾类、锤斧类(图3-25)。量划时用到的工具与木工的类似,如直尺、折尺、曲尺、墨斗、竹笔、线坠等。除此之外,主要就是后期雕凿时用到的各类凿子,如普通蛮凿、方头蛮凿、斜凿、圆凿等,将它们同锤子、扫灰刷等配合使用,进行凿、刻、旋等动作。另外,还有一些细小的凿、钻、细磨工具等,雕刻技法与砖雕类似。

图3-25 部分石作工具

第三节
现代建筑材料与工具
对传统营造技艺的影响

一、建筑材料的变化

　　社会的发展、技术的革新，以及人们思想观念的改变，都会对传统营造技艺产生影响。建筑材料的改变在一定情况下影响到古戏台传统的构造和形式。掌墨师傅齐海林反映，在古戏台地基施工过程中，早期的基础垫层主要采用当地产的灰石，密集排列后用水、沙、白灰、碎石按一定比例混合后填充缝隙，之后逐层夯筑而成，结实牢固。而现代却有不少人要求采用钢筋混凝土做地基，认为简便快捷又不失牢固性。在戏台台基的砌筑中，传统的做法是戏台台面以下架空，各立柱直接立于牢固的地基之上，而后在四周砌筑台基(图3-26)。架空层内的地面有的用三合土夯实，有的直接架空以利通风，台面铺设木板，使演员在舞台上做一些武戏表演时更加舒适。随着现代材料钢筋水泥等的出现，现在戏台台基直接采用砖砌，上抹以水泥砂浆，台面也更多地采用水泥直接抹平，之后再铺设一层薄木板。有的戏台台基内部承载檐柱的立柱也采用钢筋混凝土制作，这样就可以缩减掉木材(如檐柱、金柱)的用量。台基做好之后，各立柱直接立于钢筋混凝土做的柱子之上,以使戏台稳固(图3-27)。表面上看来这似乎与传统的地基、台基区别不大,但现代钢筋混凝土的使用年限还有待检验。古戏台屹立几百年甚至上千年不倒,与传统的材料和工艺做法密不可分;现代材料的使用和施工做法,将使得戏台基础传统的建造工艺面临消失,甚至可能在牢固程度上远不如传统做法。

图3-26　传统做法:底层用木立柱架空　　　　图3-27　钢筋混凝土基柱

　　另外,在墙体砌筑方面,明清时期使用最多的是规格较大的灰砖,长度大概为30厘米,宽度15厘米。这种灰砖烧制程序复杂,难度较大,因此现在的窑厂已经很少制造这种砖,这就使得传统的空斗墙做法濒临失传。

　　砖的形制和规格改变了墙体的构造和做法,现在的墙主要为单砖墙,其砌制方法简单,为一层一层破缝堆砌。原本那种古朴厚重的砖墙艺术效果逐渐消失,机械、单一的砌砖方式逐步取代了传统的工艺,参见图3-28、图3-29。

图3-28　现代墙体做法

图3-29　现代红砖的使用改变了传统的砌筑方式

二、机械化工具的使用

随着生产工具的发展、技术的进步,人们对木材进行加工的能力也不断提高。古代木构件的加工与制作,可以说是木作工艺的展现。从原木的砍伐、加工成材到木作安装,都形成了一套完整的工序。而这些加工工序在不同时代又产生了与其相对应的加工工具,它们共同形成了完整的操作工艺。

新时代建筑工具的改变正使得传统的戏台营造技艺发生着变化。在乐平,我们注意到戏台木构件加工、雕刻的工具已有很大变化,时常看到切割机、电锯、电钻、打磨机等的使用。现代工具的使用,可以降低人工成本,缩短制作时间,大大提高工作效率。例如,一些大木构件的搬运、切割等,现代的叉车、吊车或切割机、电锯、拉花机等都可以节省人力,缩减成本(图3-30至图3-32)。

不可否认的是,某些现代工具的使用也改变了很多传统的做法,使木构件上增加了许多机械的痕迹。如电锯或者电雕凿机的使用代替了手工作业,加工出的材料必然与传统手工的工艺存在一定差异。尤其雕刻工艺是一门精细的手艺活儿,雕刻的戏文故事,以及每个姿

图3-30　电锯的使用

图3-31　现代工具的使用　　　　图3-32　现代机械拉花机方便快捷

态各异、形象逼真的戏曲人物或者动植物,都离不开匠人们精湛的手工技艺和他们所贯注的极大热情。木构件雕刻有其自身的工艺流程,雕刻的人物或动植物的造型都离不开心、手、工具的配合,手的技艺纯熟度在雕刻的物件中得到很好的体现。雕刻匠人借助不同的工具,可以打造出独一无二、精美绝伦、无法复制的作品(图3-33),技艺风格简练、流畅、精湛,这也恰恰是乐平戏台雕刻工艺的价值所在。现代化机械的使用,使得某些雕刻作品呈现出机械复制的感觉,显得呆板,缺乏生动性和灵活性。例如,某些植物纹样等可谓千篇一律,缺少了手工技艺的韵味,缺失了形态各异的个性化特征(图3-34),严重影响了艺术效果。长此以往,不但雕刻制作技艺很可能远达不到以前的手工水平,而且也会使得学徒过于依赖现代化工具,基本功不够扎实。如果现代化工具继续大量增加并被使用,将使得传统技艺中的一些工序被

图3-33 手工雕刻细小构件

图3-34 雕刻机雕刻作品

省略,传统工具和技艺可能面临消亡的风险。

三、现代绘图方式的出现

　　传统的古戏台营造技艺中,木工师傅多是在营建之前对戏台做整体的设计和规划,而设计的方案往往是粗略呈现在纸面上或者一些平整的木板上,细致推敲之后再进行相对精细的绘制(图3-35、图3-36)。传统的绘制方法主要借助工匠自制的丈杆与竹尺,他们会根据所要做的戏台的情况,对每个木构件的形状和尺寸严格把关,而这些靠的都是掌墨师傅烂熟于心的匠谚口诀。师傅在确定用料多少和用材大小时,都可以根据经验和口诀准确把握。也有的师傅借助笔和纸

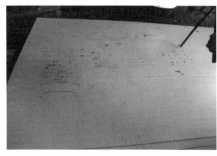
图3-35 朱水生师傅设计的戏台方案

图3-36 朱水生师傅在平整木板上画图

张,将戏台方案手工绘制出来,绘制过程中依然靠的是匠谚口诀。现代绘图方式的出现则改变了这一传统的工艺,如计算机辅助设计(CAD)图纸和三维图纸能准确细致地呈现出戏台的大小、尺寸以及最终的效果,受到现代人的青睐。丈杆和竹尺等传统绘制工具逐渐被遗弃,随之而来的便是传统绘制方式和匠谚口诀的消失。

现代工程图纸的使用还对雕刻技艺产生了一定的影响。传统的雕刻图案是由雕工师傅们精心创作并手工绘制出来的,有自己独特的风格和样式。现代有不少这样的做法:需雕刻的图案为手工绘制,绘制好之后贴于待雕刻的木构件之上,使用雕刻机雕刻出图案(图3-37)。有些图案并非只用在一处,甚至可能重复用在多个木构件上。这种做法在一定程度上方便了施工,但使得雕刻作品缺乏设计性和艺术性,最终呈现的结果就是千篇一律、毫无个性。年轻工匠的手工绘制能力和创作能力更是在这种情况下每况愈下。

另一种做法现在也被不少雕刻匠人采用:将图案绘制在硬纸板上,用刻刀将图纸刻成镂空状,类似于制作一张模板(图3-38),根据需要在不同位置将图案复制(仅限于较小的图案)。尤其是有些木构件上的图案有对称的需要,此时镂空的硬纸板可以将图准确复制到需要的位置,满足审美的需求。如果这种方法可以结合手工雕刻进行,则雕出的木构件依然可以呈现手工的魅力。

图3-37　用雕刻机雕刻　　　　　　图3-38　用刻刀刻出的模板

第四章
乐平古戏台传统营造技艺

第一节　戏台营造前的准备
第二节　戏台的基础处理
第三节　大木构件的制作和安装
第四节　木构架的做法与特点
第五节　戏台屋顶的特点与做法
第六节　戏台墙体的砌筑
第七节　戏台装修与维护

第一节
戏台营造前的准备

在乐平，建造一座戏台是整个宗族中极为重要和荣耀的一件事，开工之前要做好各项准备工作。如戏台营建所需的资金、木料，戏台的总体规划设计，等等，都需要在动工前筹划好。

一、筹集资金

戏台的营建需要一定的资金，无论是祠堂台还是万年台，都需要族里每家每户捐款。除了当前生活在村子里的人之外，一般出嫁的女儿或者外出做生意的人也会参与，毕竟此乃村子里的大事。过去就地就能取材，山上的木材量多且价格低，所以建一座戏台需要的资金不会很多。现在随着树木数量的减少，当地政府已经明令禁止到山上砍伐树木，再加上交通等各方面条件便利，人们多是到外地购买或者从国外进口木料，其质量更好、体量更大，能满足营建大戏台的要求。到外地购买木料无形中增加了戏台的建造成本，目前建一座中等偏大的戏台通常需要花费120万~200万元，体量较小的也要七八十万元。如临港兴建的戏台，预算资金为200万元（不包括后期的油漆费用），而董家村2019年完成的小型戏台花费约80万元。

二、选 择 地 基

　　乐平戏台的营建一般由村族里的主事者们商量决定。村里德高望重且能掌控全局的人物首先聚在祠堂中,共同翻阅族谱,一起出谋划策,商量筹资、分工,以及请哪路能工巧匠来主持建造戏台。商议确定之后便会向政府申请,获得政府的批文(以前需到府衙审批,并加盖大红官印)方可营建。在营建之前,村族长还会找到当地有名的风水先生。风水先生在了解当地及宗族的人文历史后,根据风水情况择优选择。地基多选择村子里地势最高、风水较好之地。风水先生根据吉凶,确定戏台的面积大小、戏台朝向及戏台高度、开工吉时等。

三、准 备 材 料

　　加工各木构件所需的材料,一般在施工之前就要确定并准备好,当地师傅称之为下料。根据前期的设计要求,大木师傅要对戏台的方案进行细致核算,列出木作部分所需材料的种类、规格和数量,如柱子、梁枋、檩子的位置、大小和数量。其间掌墨师傅还要与泥工师傅不断沟通,进一步确定某些立柱的位置和数量,避免后期出错,然后由锯匠师傅根据列出的清单去准备。

　　最早的时候,锯匠会直接到附近的山上选材砍伐。工匠上山采伐前,会由风水先生选吉日,并在村中大摆践行酒(也称"起工宴"),宴请的人员包括木匠(大木分两支,即锯匠和木匠)、石瓦匠、铁匠、篾匠、披麻匠、大漆匠等。通常进山打木料的时间选择在中秋节后,村里负责人带领木匠、锯匠及村里年轻力壮的汉子上山选材,木材多选择杉木、樟木等。对于选中的树木,将离地1米高的树皮刮掉,待树木风干,这是当地采用的传统的风干树木的方式。先确定和分配好栋梁、由梁、各立柱等所用的树木，一段时间后正式砍伐树木，并陆续运回村里待用。现在由于乐平市相关部门对山上的树木采取保护措施，尤其是以前常用的樟木现在都严禁砍伐，因此现在木料多从外地(一般为张家港或者宁波等大港口)购买或者直接购买进口木料。购回的木料尤其是一些体量大的木料，有些是依据之前定好的尺寸直接加工好的，也有些会运到现场自己加工。现在除了梅雨季节，基本上一年四季都可以建戏台，大多选在非农忙的时候，这时工匠多比较空闲，有时间去建造。

第二节
戏台的基础处理

中国传统木结构建筑能历经千百年仍得以保存下来，一方面是由于建筑结构本身极为稳定，另一方面也与地基基础稳固密不可分。营造戏台时地基是否坚实、牢固，直接决定了戏台的稳定性和持久性。乐平地区多山地，盛产石材，地基挖好后需要做基础垫层。而做基础垫层的主要材料就是来自周边山上的灰石。通常村里或族里会根据需要去附近专门开采灰石的厂里进行采购。乐平古戏台基础垫层的传统做法不同于北方的砌筑基础，而是采用极具地方特色的灰石块结合碎石的砌筑方法。这样做一方面是取材方便，可以减少造价；另一方面是可以增加稳固性。这种碎石砌筑法与徽州地区传统民居的基础处理方法接近，最早是从浙江一带传入的。地基一般下挖1米左右，基础垫层先是铺设一层灰石，泥工师傅会根据灰石的大小、形状进行选择。通常先选择形状较为规则、大小适中（长、高为40~60厘米）的灰石，将其沿着挖好的坑排列好，排列一部分之后再用一些尺寸稍小的灰石填充较大的缝隙，使整个基础垫层的灰石看起来排列紧密有序。当垫层做到一定面积后，泥工师傅就会将水、沙子、白灰和碎石子进行混合并填充到大小灰石之间的空隙中，待垫层有七八成干（用手能捏成团）时，由两位师傅共同抬着夯土的木桩子，富有节奏地一边夯土一边吆喝着将垫层夯平。这种传统的地基处理方式可以增加基础垫层的密实度，也可以起到一定的防潮作用（图4-1）。

| 挖好的地基 | 师傅放线校准 | 基础垫层所用的材料 |
| 排列灰石 | 夯平垫层 | 夯平的第一层 |

图4-1　地基处理

在做基础垫层的时候还有一个重要的程序，就是要不断与掌墨师傅进行沟通：一是要确定立柱的数量和位置，以及不同位置立柱的尺寸；二是便于掌墨师傅下料，保证后期在制作木构件和立木架的时候不会出错。基础层做好第一层之后再继续做第二层，每一层的做法基本相同，一直填到平地面的位置。

乐平地区属于典型的亚热带季风气候，常年温暖湿润，尤其在梅雨季节,降水量大且持续时间长,大雨暴雨时常出现。在这样一种气候中,建筑的防霉防潮处理尤为重要。乐平古戏台为了防止潮气侵蚀木柱,通常会在底端设柱础(图4-2)。柱础也称"柱顶石"。柱础的作用:一是将柱子承受的力通过柱础传递到基础上去;二是用础石隔潮,防止柱根受潮腐烂。因此多选用质地紧密、抗压性能好、透水性差的材料做柱础,这样才能保证柱础在建筑中所起的作用。

图4-2　昭穆堂立柱柱础

　　乐平古戏台的柱础早期形式简洁,从现存最早的明代涌山昭穆堂古戏台中可以看出,多数柱础采用简洁的素六边形,不加雕饰,且会在一块整石上雕出柱础,个别重要立柱的柱础上会雕刻简素的图案。明之后清代以来,乐平古戏台的柱础发展渐趋成熟,无论是样式还是雕刻内容都更加丰富,刻工也更加细腻。不露明的柱础多是简洁的方形、圆鼓形或扁圆形,露明的尤其是体量最大的两根由梁柱下方的柱础则雕刻得更加精美。如果是祠堂台,则是祠堂正厅立柱下的柱础较其他柱础的雕饰更加丰富,多采用卷草、花卉、莲花等吉祥富贵的图案,或者直接雕刻成覆莲式、仰莲式(图4-3)。

　　乐平祠堂台的柱础通常是多种造型混用,有简洁的方形、鼓形,还

图4-3　不同造型的柱础(图片来源:《中国乐平古戏台》)

有覆莲形。立柱越大越重要,其下方的柱础造型和样式越复杂(图4-4)。隐藏于台基内部的柱础多为方形(图4-5)。例如,2019年营建的临港传统戏台,基本采用传统做法。所有立柱从下到上均为一根完整

图4-4　与戏台相对的祠堂内部立柱的柱础

的大木料,立柱下方的柱础不露明,故没有做任何造型或雕刻,只满足基本的防潮防腐功能(图4-6)。

图4-5 车溪敦本堂戏台柱础　　　　图4-6 营建中的戏台柱础

第三节
大木构件的制作和安装

　　乐平古戏台建筑大木构件的制作和安装,经过古人的长期实践,形成了一套完整的经验。过程大致分为以下几个步骤:制备丈杆、木构件制作、大木安装等。在这一过程中,要求掌墨师傅和木构件加工者首先清楚建筑的构造,清楚每一个构件的具体位置及与其他构件的联系,区分是受压构件还是受拉构件。其次应该清楚榫卯的构造,明白榫卯的式样和受力方向、各构件之间榫卯的结合方式。这些需要掌墨师傅提前在构件上通过弹墨或者写画的方式,将构件的位置和名称标注好,然后进行加工。大木画线及大木符号的标写工作主要由掌墨师傅一个人完成,从始至终负责到底,以防出现差错。

一、制 备 丈 杆

在制作大木构件之前,丈杆要预先制备好(图4-7至图4-9)。丈杆上需要标画一些重要数据,如古戏台的柱高、面阔、进深、出檐尺寸,以及榫卯位置等,后期可以凭着丈杆上的刻度去画线,以进行大木制作。

总丈杆排好之后再排分丈杆。通常分丈杆是每类相同的构件排出一根,如由梁、柱、檐枋、檩等,要在丈杆上标注是用于哪部分构件的,以免出错。另外,分丈杆上的符号应标画清楚,如排柱高丈杆时,应该将肩膀线、枋子口、透眼、半眼等各榫卯的位置标画清楚。丈杆制

图4-8　掌墨师傅制备好的分丈杆

图4-7　掌墨师傅制备好的总丈杆

图4-9　用木条制成的临时小丈杆

好后会放置在不容易被损坏的位置,以便于后期使用。大木安装时,也需要用丈杆来校核构件安装的位置是否正确。

| 二、制作大木构件 |

中国传统木构建筑是由成百上千甚至成千上万个木构件组合而成的,这些构件形状各异;由于是手工制作的,即使是相同的木构件,每个也会有不同。因此,构件具有专属性,如东间构件用到西间,前檐构件用到后檐等,都会因错误造成构件衔接不严的问题。

一般在戏台基础处理完成之后,木料即会被运到现场,并在现场进行加工,木料准备过程见图4-10。在大木画线前先由锯工师傅出粗料,即按照掌墨师傅的图纸要求锯解原木,将原木表面的树皮等砍削掉。其间锯工师傅需要在原木的断面处弹墨线,总共弹36根,方可把

将原木断面分成36份

将原木表面锯成小段以便于砍削

锯工师傅出粗料

表面刨平整的木料

图4-10 木料准备

戏台的一根圆柱砍削成正圆形。圆形构件的做法是取直、砍圆、刮光；方形构件的做法则是先将底面刮刨直顺、光平，再加工侧面。

　　圆形和方形构件加工好之后，掌墨师傅根据前期的设计，用墨斗、木尺和分丈杆将各木构件逐一画好墨线，画出需要开凿的榫眼、卯眼的位置、形状、大小，并在木料上标注记号文字以便识别(图4-11)。通常这一工作需要几位经验丰富的大木师傅共同完成。待所有墨线画好后，徒工们依师傅画的线、标注的记号，开料拆枋凿眼，把各柱、枋、檩锯好、刨好，并将所有构件的榫卯梢齿斫好，前后耗时4~6个月(图4-12)。

图4-11　掌墨师傅在木构件上画线标注

初步加工好的木构件

标记了雕刻位置和内容的木枋

开凿好卯口的柱子

制作好榫头、梢孔的木枋

图4-12　制作柱、枋等

中国传统梁、枋构件的加工工艺参见表4-1。

表4-1　梁、枋加工工艺[①]

序号	加工步骤	加工工具	操作技术	备注
1	选料打截	丈杆、曲尺、竹笔、锯	将丈杆上排好的尺寸点画在选好的料上,加荒[②]后用锯把两端锯齐,以便放线	加工成标准材
2	画线	墨斗、曲尺、竹笔	用墨斗吊出迎头十字线,再用曲尺画出梁、枋的宽度和高度线,并以迎头线为准,将各线弹以顺身方向	加工成标准材
3	去荒	锛子或斧子、粗刨	用锛子或斧子砍去顺身线外的荒料,并用粗刨刨光	加工成标准材
4	榫卯画线	分丈杆、曲尺、竹笔	先锯由迎头十字线弹出梁、枋上下两面的中线,再以分丈杆点画出各部中线、步架分位、梁长等,并用曲尺过画到侧面。从梁底皮向上画出平水线、抬头线和熊背线[③],并用墨斗延画到侧面顺身。用叉子板将1/4檩径足样描画到平水线和抬头线之间,平水线和梁下皮按一斗口宽画出榫卯线。还要在梁上皮和下皮画出该有的卯口	此步骤一般多用讨退之法加工成构件
5	榫卯制作	锯、凿(方和圆)、铲、刨、墨斗、曲尺等	先沿抬头线开锯到稍过桁椀里线进行断肩,然后复弹中线,并画出1/2梁宽的鼻子分位。用圆凿剔凿桁椀,用方凿剔出其他卯口。最后用锯将梁端按截线盘头锯齐,复画迎头中线,用刨将梁头楞角"倒楞"(即稍刮)	此步骤一般多用讨退之法加工成构件
6	标明位置	毛笔或竹笔		待用

　　表4-1中为中国传统梁、枋构件的基本加工步骤和操作技术。乐平传统戏台在进行梁、枋制作时,其步骤和做法与表中极为相似,因此从此表中可以对梁、枋的制作有个大概的了解和掌握。

---

① 李浈:《中国传统建筑形制与工艺》第2版,同济大学出版社。
② 构件画线时要有适当的加工余量,即比实际尺寸多了预加部分,称作"加荒"。
③ 大式平水从梁底向上按1檩径,小式按2.5椽径。平水线向上按1/2檩径点出抬头线,抬头线向上按梁高1/10点出熊背线。

三、大 木 安 装

　　将制作好的柱、梁、枋、檩、椽等大木构件按照设计要求组装起来，称作大木安装，也叫"立架"。大木安装是一项十分严谨的工作，是对前期制作的各木构件的一种检验，能否顺利组装起来也是衡量掌墨师傅技艺水平的一项标准。大木作的最后一步也是最重要的一步就是安装。古建工匠有句俗话，叫"大木怕安"。一方面，指大木安装是对大木制作工作的检验。在制作大木构件时，任何疏漏、错误，尺寸不准确，质量不好等问题，在大木安装中都会暴露出来。另一方面，大木安装本身是一件很不容易的事。将成百上千件大木构件有序地安装起来，且各木构件间紧密扣搭、严丝合缝，需要按照严格的规律和程序进行。如果不掌握这套规律和程序，大木安装将无法顺利进行，戏台也就无法安配成功[①]。

图4-13　立中堂

　　大木安装之前，掌墨师傅和匠人会对制作出来的各大木构件进行一次全面细致的检查：部分需要在地面上预先试装一下，试装的时候会检查一下木构件之间衔接的松紧度，过松或者过紧都不可以。如果榫头或者木枋与卯口或木柱穿接之后很紧，掌墨师傅会让木工用斧头或锯子进行调节，待合适方可。戏台的大木安装遵循"先内后外，先下后上"的规律，即先从里面的中堂柱安起，俗称"立中堂"（图4-13）。这里的中堂柱即

---

① 马炳坚：《中国古建筑木作营造技术》，科学出版社，2003年10月第二版。

指戏台沿进深垂直方向上中间位置的两根金柱。先将金柱及金柱间的联系构件如花枋、金枋、随梁枋等搭接、组装并立起,而后从明间逐步开始安装,再依次安装次间、梢间。里排金柱及联系构件安装好以后,再立外围檐柱,以及穿插枋、檐枋等柱间联系构件。大木安装过程如图4-14所示。

在地面上拼接屋架时,掌墨师傅会根据图纸将木构件(木枋、木柱等)提前放置于与图中位置对应的地面上,在后期穿接时再由师傅们根据安装情况,找到所需木构件并搬抬过来。这种做法不仅可以有效避免出错,而且还能大大提高工作效率,缩短找构件的时间。待戏台柱头以下的构件(檐枋、金枋等)安装好以后,就需要对立起的屋架进行校验,若发现有问题可及时解决,核对无误后,即可在枋子榫卯之间

用木枋将各木柱穿接成排

立好的中堂柱及一榀榀的排架

用大木槌敲击立柱,使立柱
的卯口与榫头衔接紧实

掌墨师傅(站立者)现场指
挥,检查构件搭接情况

图4-14 大木安装过程

调试搭接松紧度，没问题后打入木楔固定

安装垂直方向的木枋

立前方屋架

初具雏形的戏台（未上檩）

图4-14　大木安装过程（续）

的缝隙打入木楔子，使柱和枋之间结合牢固（图4-15、图4-16）。

逐一检查所有立柱是否垂直

敲正不完全垂直的立柱

修整结合不严实的构件

图4-15　检查与修正

图4-16 柱和枋之间的结合

| 四、上　梁 |

　　乐平古戏台与其他类型的传统建筑不同,戏台有两个重要的梁,分别是栋梁和由梁。无论是安装栋梁还是由梁,都要选择吉日并举行隆重的上梁仪式。至于隆重程度,则视各村具体情况而定。由梁通常比栋梁的体量要大很多,代表的是整座戏台的脸面,往往雄伟华丽,雕刻细致精美,倾注了能工巧匠的智慧与心血(图4-17)。而栋梁(又称

图4-17 体量硕大的由梁

栋梁准备

上梁

架好的栋梁

图4-18　上栋梁

宝梁)则是一座戏台之"主",栋梁一架上即代表一座戏台的大木构架整体完工。故相比之下,上栋梁的仪式要比上由梁更加繁复和隆重一些。

上栋梁与立主屋架分开进行,这是立屋架的最后一道程序,也是主要程序。待一榀一榀的主屋架立好,即可择吉日上栋梁。上栋梁之前,需先将栋梁架于马凳上,待举行完祭神仪式之后,便由众位木匠师傅将绳子系于梁的两端,另外两位(根据宝梁规格,若较大,则需要人数多)师傅分别爬到中央开间两排中柱上,细心将宝梁平稳地拉到柱顶上安装好。此时,戏台建筑的整体框架算正式立成(图4-18)。之后便可宴饮庆贺,村里所有人都要到场,这一天热闹非凡。

五、处理戏台基座

之前我们曾提到,从搭台观戏到搭台唱戏,宗教与戏曲的结合使观演规模不断扩大,观众的人数也由原来的"神灵""祖先"扩大到广大民众。这也就导致表演者不得不被抬到一定的高度,以方便更多的人

观戏。戏台基座因处理方式的不同,在营建时的顺序会有所差异。有
的是在立屋架之后,即所有屋架立完,根据预先留出的戏台基座的高
度,铺设好戏台地板,四周围以竖向木板,或者用砖砌筑同时预留通风
口,这种做法多在民国以前采用。有的是在立屋架之前就会砌筑好戏
台基座,之后承托整座戏台,这多是现代的做法。因此,戏台基座在戏
台营造流程中并非有严格的先后顺序,主要依基座做法而定。乐平古
戏台的抬高方式因地制宜,前面提到有两种做法。具体为:一是砌筑
高出地面许多的建筑物基座,用以承托戏台(图4-19)。这类基座的具
体做法是:在四周砌筑砖石,中间的地面用三合土夯实,以起到良好的
承重和稳固作用。二是戏台台面以下架空处理,高大的立柱直接穿过
戏台台面,矗立于地面的石础上,戏台台面下方直接裸露(图4-20)。
还有的是在四周再安装木板或砌以砖石,形成戏台的台基(图4-21)。
如果是用砖石砌筑的,则在立面上留出通风口,以起到防潮的作用(图
4-22)。乐平现存传统戏台中,采用最多的为第一种抬高做法。也有
一些戏台采用传统与现代结合的方式,如2019年所建的临港万年台,
其传统体现在底层架空,各立柱直接立于石础之上,地基采用传统方
式处理,台基四周砌砖。现代则体现在砖的材料和砌筑方式上(图4-
23)。

图4-19　基座上承托戏台　　　　图4-20　戏台下方裸露,各柱直接立于石础上

图4-21　安装木板封住戏台下裸露的木构件

图4-22　台基四周砌砖石并留有通风口

砌筑台基之前,戏台台面下方空间

台基四周用砖砌筑

戏台左侧砌好的台基

图4-23　临港万年台

六、架 檩

檩是古建大木构件中四种最基本的构件(柱、梁、枋、檩)之一,是直接承受屋面荷载并将荷载传递到梁和柱的构件。戏台框架立成后要开始架檩,即俗称的"上檩子"。待屋架立好之后,工匠们将一根根檩子抬上房顶,架在立好的立柱顶端,即在每排柱尖齿口上安装檩子(图4-24)。

七、钉 椽

待大木构件安装齐之后,即可开始安装椽子(图4-25)、望板等构件。椽子是戏台屋面木基层构件,另外还有一些其他附属构件及零杂构件。总体看来,戏台屋面

图4-24 架檩

木基层包括望板、椽类(檐椽、飞椽等)、连檐、檐板等。其中,望板、椽子、檐板为戏台屋面木基层中典型的构件。传统木构建筑中的椽子通常有圆椽和方椽两种,大式做法多为圆椽,小式做法多为方椽。古戏台中使用的为方椽,每条椽子宽5~6厘米,厚3~4厘米。按照小青瓦的尺寸,每两条椽子相距12厘米左右,约两根椽子的距离,钉于檩上。之后钉檐椽(钉置于檐步架,向外挑出之椽),飞椽附着于檐椽之上,同檐

图4-25 架好的檩和椽(图片来源:航程)

椽一起向外挑出,增加出檐深度。椽子钉完之后,即可铺设横望板。另挑出的椽头部分加钉檐板,以遮盖外露的椽头。古戏台屋面基层的工序和工艺较为简单,较能体现戏台特色的主要在屋面瓦、脊等的处理上。

第四节
木构架的做法与特点

｜ 一、木构架的做法 ｜

南方地区的传统建筑木构架的做法多为穿斗式(图4-26),其特点为用穿枋把柱子串联起来,形成一榀榀的房架,将檩条直接搁置在柱头;沿檩条方向,再用斗枋把柱子串联起来,由此形成一个整体的框架,非常牢固。采用这种构造方式的木建筑,外形轻灵精巧,木构件尺寸普遍较小。北方地区抬梁式木构架(图4-27)的特点为柱子上直接承载梁,梁上承托檩,檩上铺椽条,屋面的荷载通过承重梁传递到柱子上。

乐平古戏台的木构架并非典型的穿斗式做法,其特点比较有代表性,属于结合了北方的抬梁建筑和南方的穿斗建筑而衍生出的一种新的木构架结构体系,可以称为穿斗抬梁式木构架(图4-28)。此种构架体系的做法与徽州传统民居极为相似,这应该与乐平地区邻近徽州,而且很多先民迁徙自徽州地区有很大关系。例如,临港村齐氏的先祖

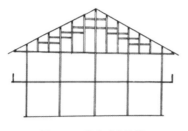

图4-26　穿斗式木构架

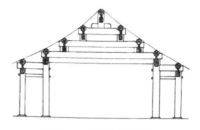

图4-27　抬梁式木构架

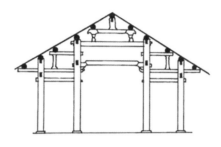

图4-28　穿斗抬梁式木构架

来自安徽歙县,后在临港定居已有千年历史。

　　穿斗式木构架柱子排列一般比较密,柱网布置为满堂柱。如果采用典型的穿斗式做法,不但会占用戏台上表演所用的空间,也会影响观众的观看效果。因此,戏台前台区域使用穿斗抬梁式木构架,能空出面积较大的场地空间,有利于前台戏曲舞蹈的表演。匠师还根据戏台自身特点,对结构加以优化,通过移柱、减柱等手段扩大舞台面积。对于祠堂台这一类型,与戏台相连的祠堂建筑,其内部结构也多数为抬梁式与穿斗式相结合,山面以及紧靠山面的一排梁柱用穿斗式,以使建筑物更加坚固。由于祠堂是族人聚集、祭祀看戏的人群密集场所,因此对空间开阔性的要求较高。祠堂中间跨梁柱采用抬梁式,扩大了空间,可谓既巧妙又合理。其他一些非主要空间,功能性不强,采用穿斗式梁架,构造相对简单,选材较小。

　　乐平古戏台在梁架上多采用榫卯搭接,为更好地满足梁架对稳定性的要求,外加抓钉稳固。这样一来,可以使木构架更加长久,也体现出乐平古戏台的独特之处。在处理翼角与屋架的受力中也运用了抓钉，老角梁与子角梁的固定则充分运用了杠杆原理。

二、各主要构件的特点

1. 由梁①

在乐平古戏台中，除了基本的木构架形式外，还有一些构造特殊、雕刻精美的木构件更能显示古戏台特色。其中，最具有地方特色和代表性的为由梁（乐平古戏台的木构架中有两个重要的梁，分别为由梁和栋梁，在工艺制作上由梁具有明显的地方特色）。这是古戏台的门脸，代表了整座戏台甚至整个村族的门面。由梁是戏台台面上方一件跨度最大的木构件，通常体量很大，多用樟木、枫木或松木制成。梁身施满戏文或龙凤浮雕，以万寿图为最，其上雕刻的人物甚至有30~40人，雄浑粗犷，突出显眼（图4-29）。

由梁除了起到联络和承重的作用外，还因为有较大

图4-29　具有浓郁地方特色的由梁（浒崦古戏台）

---

① 关于由梁的"由"字之写法，一直有不同的说法。据当前已有的关于乐平古戏台的相关文章、书籍等资料来看，有"游""油"的写法。通过实地调研和采访，发现当地工匠也不确定"由"字的准确写法，只是清楚这一构件的叫法。根据此构件的特点和作用，由梁应与古建筑中的"由额"更为相像，因此本书中统一写为"由梁"。

的尺寸而增加戏台的开敞面,使戏台空间显得足够大。由梁断面接近圆形(个别的也有方形),中间粗壮,两端稍细,梁起拱,做成极缓和的弧形。造型上有的笔直,有的稍稍向上弯,是整个戏台建筑中极为重要的构件。有的戏台由梁上方还会重叠放置两到三个尺寸较由梁略小的额枋(檐枋,横梁方向的横木),同样也是遍施雕刻。连接由梁两端的檐柱称为由梁柱,是戏台所有立柱中尺寸最大的两根柱子,通常直径为40~50厘米。现在进口的木材尺寸更大,有的由梁柱直径达到70厘米。

2. 由梁柱

由梁柱指的是连接由梁两端,同时承载屋檐重量的檐柱(图4-30、图4-31)。古戏台的由梁柱基本都采用木制,极少数用石制。立柱表面简洁光滑,也有的立柱上会配以只有宫殿建筑才能有的金色盘龙雕塑,显示了乐平工匠在戏台建造时的大胆和创新。

图4-30　盘龙由梁柱　　　　图4-31　戏台上粗硕的盘龙柱(双田大园里村万年台)

(图片来源:《中国乐平古戏台大全》)

3. 雀替

在漫长的中国建筑史中,雀替是一种成熟较晚的构件和制式。大概明代之后,雀替才被广泛使用,并且在构图上得到不断的发展①。雀替是木制的结构构件,在传统木构建筑中较为常见。其通常被置于建筑的横材(梁、枋)与竖材(柱)相交处,可以缩短梁的净跨度,从而增强梁的荷载力,具有稳定和装饰的功能,即起到加固和美化的作用。其形好似双翼附于柱头两侧,轮廓曲线及其上的雕刻都极富装饰趣味。雀替虽然是由力学而来的构件,不过其后的发展更多时候是由于美学的原因。因为雀替的形式不受其他构件的限制,于是可以极为自由地发展,结果就出现了比其他构件更多的类型及更富于变化的图案和形状。

乐平古戏台中的雀替主要有小雀替、鳌鱼雀替、屠刀雀替等形式,造型也各具特色(图4-32、图4-33)。其中,最为多见的是鳌鱼雀替。鳌鱼为倒挂鱼的形象,是古代神话传说中的动物,它来源于女娲炼五色石补天的故事。在民间信仰中,鳌鱼是龙头鱼身之兽,龙之九子之一,是镇水之物。屠刀雀替则形似直角三角形,只是斜边是曲线造型,

图4-32　倒挂鳌鱼雀替和小雀替

图4-33　浒崦戏台屠刀雀替

①李允鉌:《华夏意匠》,天津大学出版社,2005年。

上面多雕刻有八仙故事和一些著名戏文。虽然雀替在古戏台建筑中只是一个很小的构件,但体现了一定的力学、教化、美化功能,为古戏台增添了庄重肃穆感。

4.斜撑

斜撑安装在戏台挑梁下方,与柱、梁组成斜三角形的结构组合,作用是承、支挑梁顶端的重压,同时起到美化的作用。乐平古戏台在斜撑装饰造型和雕刻内容的选择上,与祠堂和庙宇更为接近,常使用龙、凤、麒麟等神灵之兽,使戏台透出一股威严的震慑之气,凸显其地位的尊贵。但戏台毕竟是用来演戏娱神娱人的,带有更多的娱乐成分在内,因此为使这种威严的宗教气氛有所缓和,更加贴近人们的生活,斜撑也会采用花卉图案,或者人们所熟悉的《三国演义》《水浒传》中的经典戏曲人物,以及富有吉祥寓意的仙人形象。例如,斜撑常雕刻成寿星骑鹿、鹤鹿戏松、麒麟戏狮、仙狮撑、仙鹿撑等,装饰性和寓意性很强(图4-34至图4-36)。鹿谐音禄,故寿星骑鹿撑又称寿禄撑,寓意寿禄双全。这是古戏台建筑装饰体现民俗文化特征的一面。造型各异的

图4-34 狮子斜撑　　　　图4-35 仙翁骑鹿斜撑　　　　图4-36 鳌鱼斜撑

雀替与斜撑,使戏台的每个衔接处都生动起来。其上雕刻的人物和动物都栩栩如生、神态各异,极富动感和美感。

5.飞檐翘角

乐平古戏台还有一种极具特色的檐部形式——飞檐翘角,是屋檐转角的挑起部分。因其舒展如鸟翼,也被称为翼角。翼角翘起是中国古建筑屋顶的显著特点之一,挑出深远的檐头和檐口两端渐渐翘起的翼角,使得古建筑的屋顶造型极其优美生动。我国南方建筑的屋角更加轻巧灵活,富于浪漫姿态。然而与其他南方传统木建筑不同的是,乐平古戏台的翼角更为上翘,比其他的翼角更陡,角度和弧度相较其他建筑更为夸张、独特,堪称险、奇、美(图4-37)。层层叠叠的飞檐翘角营造出壮观的气势和中国古建筑特有的灵动轻快的韵味,这一做法极具地方特色,其翘起的角度和伸展的长度都被夸张到了无以复加的地步(图4-38)。它们挺拔、陡峭,似戏中武将背后的靠旗,又如数对舒展拍击的鹏翅,给人的感觉刚劲多于轻柔,似乎有"一飞冲天"之势。这种夸张的造型在中国的古建筑中是极为罕见的。这其中,除了有技艺的炫耀,有对险、奇、美的追求外,还彰显了乐平人对权力、财富、地位、声望的热切祈盼。

图4-37 直冲云霄的翼角
(图片来源:《中国乐平古戏台大全》)

图4-38 接渡镇戏台层层高翘的翼角(图片来源:航程)

乐平古戏台屋角的檐部向上翘起,呈飞举之势,既扩大了采光面,又利于排泄雨水。宋代以前的建筑,翼角的水平投影都是直角。北宋时期,角梁向外加长,飞椽也随之逐根加长,屋角的水平投影变为锐角。

乐平戏台翼角水平投影即为锐角,由于老角梁尾由檩上移至穿枋下,老角梁以檐柱上端为支撑点,通过杠杆作用,可使外端翘得更高。子角梁与老角梁相接呈"人"字形,檐口曲线至翼角处的起翘也较之前加大而显得急骤。子角梁与老角梁成135°角,显得冲劲十足(图4-39)。乐平古戏台飞檐翘角工艺十分精致,分为一至四层,俗称一台水(左右两个翘角)、二台水(四个翘角)、三台水(六个翘角)、四台水(八个翘角)。

图4-39 制作好的角梁

6.斗拱

斗拱作为我国古代官式建筑的重要特征和等级制度的重要体现,在民间建筑中的使用虽多有限制,但在民间的神殿庙宇、祠堂建筑中被大量采用。著名建筑理论家楼庆西在考察我国民间建筑后,对斗拱的使用明确指出:"乡土建筑采用斗拱的比较少……只有在比较讲究的寺庙、祠堂殿堂上,在需要重点装饰的戏台上可以见到斗拱的使用。"[①]乐平古戏台斗拱种类繁多,有蜘蛛拱、象鼻拱、蝴蝶拱、田字拱、人字拱、米字拱等多种形式(图4-40、图4-41)。综观乐平现存的古戏台,斗拱始终是不可或缺的木构件和重要装饰。与祠堂建筑有所不同的是,戏台斗拱的造型更加自由随意,具有浓厚的地域色彩。斗拱在戏台建造上的广泛使用,更加凸显出戏台的庄重。

① 楼庆西:《乡土建筑装饰艺术》,中国建筑工业出版社,2006年。

图4-40 米字拱　　　　　　　　　　　图4-41 如意拱

　　乐平古戏台所用斗拱中,以田字拱和人字拱为主。斗拱上还经常装饰有蝙蝠、蜘蛛、蝴蝶、凤凰等图案。蝙蝠意为福在眼前,蜘蛛意为喜从天降(图4-42、图4-43)。历史上早期(唐宋)的斗拱宏伟粗大,具有承重的结构功能;元代时期的斗拱质朴雄健;明代的斗拱规整严谨,结构上的功能逐渐减弱,装饰性和艺术性开始增强;至清代斗拱开始变得纤巧华丽,精雕细琢(图4-44)。

图4-42 带有蝙蝠装饰的斗拱　　　　　图4-43 造型独特的蜘蛛拱

图4-44 斗拱细部图

7.月梁

  乐平戏台上下场门的门头为弧形结构，形如彩虹或月牙，故而得名月梁（图4-45）。月梁是宋代大木作构件名称，明清时期中国的北方建筑已很少使用，而江南一带在某些地方则依然可见。因此，乐平古戏台建筑中的月梁属于宋代建筑风格的遗存，体现出戏台的地域性特征。梁的两端向下弯曲，梁面呈弧形，常做成琴面状并饰以雕刻，外观秀

图4-45　雕刻描金的月梁

巧。梁的两端雕刻有圆形弧线，下方配以丁头拱承托。在古戏台建筑中，月梁在起到承重作用的同时，又起到装饰作用，且装饰效果明显。在制作时有的会将"出将""入相"字样采用浮雕形式刻在月梁上。月梁中央通常雕刻戏文，戏文两边雕刻或为花鸟或为祥兽，工艺极为精湛（图4-46）。月梁是乐平古戏台建筑中具有特定语言且极具特色的木构件。

图4-46　存于乐平市古戏台博物馆的月梁

第五节
戏台屋顶的特点与做法

一、屋面的特点与做法

乐平是南方地区,属亚热带季风气候,湿润多雨,因此古戏台屋顶往往反翘大,用以缓解雨水对于台基的冲刷,且在古戏台框架立成后,需要尽早对屋面进行处理,以防止木构架遭暴雨冲淋(图4-47)。通常木工师傅立好房架之后,会先在古戏台各檩上钉椽子。椽子截面多为方形,檐口有飞椽,飞椽一般做卷杀(清代横路万年台飞椽)。

明清时期固定椽子多用竹钉,后随时代发展现在已改为铁钉。笔者在当地调研发现,戏台屋面大面积是直接在椽上盖瓦,只有在戏台台基边沿的正上方屋檐伸出位置的椽子上才会铺设望板(图4-48),而后在望板上面盖瓦。瓦的

图4-47 反翘较大的屋檐

固定需要抵抗两种外力:一是使之下滑的重力,二是使之掀倾的风力。中国古代采用了黏结材料和瓦钉或两者相结合的方法来固定。乐平古戏台屋面瓦一般采用干垒法。

图4-48　伸出的屋檐处铺设望板

　　乐平当地盛产杉树,因此早期乐平古戏台的屋面还会在望板上铺设一层粗糙的杉树皮,然后利用杉树皮粗糙的特点增加瓦片的牢固度。早期对于屋面较陡的戏台,为防止正身屋面的盖瓦滑落,会在每条瓦列上每间隔适当距离安装一块带有钉孔的瓦片,在钉孔中钉瓦钉以增强阻滑作用,然后用钉帽盖住钉孔以防雨水侵蚀。后随着时代发展则多用水泥灰加固瓦片,将盖瓦两边与底瓦连接的缝隙用灰抹平,称为"夹垄"。对于每一垄瓦的最前端也不会做遮挡处理,戏台檐口既没有滴水瓦,也没有花边瓦和勾头瓦,因此早期屋面盖瓦多追求简洁质朴,戏台装饰的重点并不在屋面。

　　清后期,屋面铺瓦的做法有所变化。首先为加固整个屋檐,会沿着屋檐从一侧的翘角到另一侧翘角钉一根5~8厘米厚的铁扁,而后沿着各椽头继续加钉一条宽8~10厘米的木制檐板,遮盖住飞椽的椽头。檐板保留木本色或刷成黑色、暗红色,起到一定的装饰效果。檐头的第一块板瓦也逐渐开始采用花边瓦和滴水瓦,且经常用特制的泥灰（制作泥灰的材料有糯米饭、米汤、桐油、石灰粉、碎麻线、干净的细黄土）做好造型。有的只做成花边瓦状，有的则是以花边瓦、滴水瓦结合在一起的形式做成完整的檐口瓦，固定在檐口处，最后用灰将檐口下面的空隙堵抹严实。这样做既防止了屋面上的瓦下滑，且很好地解决了屋面排水问题，还可以使屋檐看起来更加整体，精致，富有节奏感，远远望去似涌动的波浪一般，见图4-49。

图4-49　浒崦古戏台檐口处理

图4-50　铺设好的屋面瓦

中国古建筑屋面做法各地有所不同，但其关键点是一致的，即要做到坚固和防渗。因此盖瓦的基本原则是防水和排水相结合，整体均匀分布、相互搭接（图4-50）。乐平古戏台屋面为小青瓦屋面，均使用陶瓦，盖瓦、底瓦（沟瓦）都使用弧片状板瓦正反排列（图4-51）。也有个别戏台使用半圆筒形的筒子瓦，例如车溪敦本堂戏台屋面的盖瓦,但据了解这是后期翻修时重新加盖的瓦,而非早期使用的瓦片样式。小青瓦屋面做法为"阴阳瓦",这是一俯一仰的瓦型,俯着的做盖瓦避水垄,仰着的做底瓦淌水垄。铺瓦时遵循"压六露四"或"压七露三"的做法,将瓦件由下而上前后衔接成长条形的"瓦沟"和"瓦垄",整个屋面由盖瓦垄和底瓦沟相间铺筑而成。

盖瓦

沟瓦

图4-51　盖瓦、沟瓦

古建筑屋面层次一般包括面层(瓦面)、结合层(坐瓦灰)、防水层、垫层、基层(望板、望砖等)。做法讲究的官式建筑会采用较多层次。乐平古戏台屋面盖瓦的具体做法为:铺瓦前先排瓦口,确定底瓦距离,然后引瓦楞线,铺底瓦,再盖盖瓦,最后对瓦垄进行嵌灰修饰(现代做法)(图4-52)。

图4-52　屋面盖瓦(图片来源:航程)

| 二、屋脊的特点与做法 |

屋脊是屋顶相对的斜坡或相对的两边之间形成的交会线,因此是屋顶上最容易漏雨的地方,在结构上加以覆盖是完全必要的。屋脊通常用灰、砖、瓦等材料砌成,起着防水作用。古代的能工巧匠在解决了这个问题之后,更加注重屋脊的艺术处理,将其由简单的样式逐渐演变发展成多种形式(图4-53)。

图4-53　屋脊

乐平古戏台的屋顶种类和形式众多,有单檐硬山、歇山,重檐硬山、歇山,另外明间还会升起三重楼、四重楼等。因此,乐平古戏台屋顶上通常分布有多条屋脊,一条正脊配以多条垂脊、戗脊。早期的屋脊做法简单,不会做太多装饰。在满足基本的防水需求后,仅正脊做简单装饰(例如明崇祯年间的涌山昭穆堂戏台),正脊两侧分别做翘起

的形态。乐平古戏台作为村子或宗族的公共建筑,代表村子或宗族的
形象,因此即使屋脊再简单,也始终比民居建筑的要复杂许多。

第六节
戏台墙体的砌筑

| 一、墙体的特点 |

乐平古戏台建筑中,无论是与祠堂相连的祠堂台,还是独立出来
的万年台,都广泛运用封火墙,即马头墙。戏台木结构部分建好之后,
就要砌山墙进行围合。在中国传统木构建筑中,木材一直是最主要的
建筑材料,因此一栋木构建筑往往是以耗费大量木材为代价建成的,
尤其是体量较大的宫殿、寺庙建筑,因而木材的需求量不断增加。大
面积的森林被砍伐,木材逐渐减少。又由于木结构本身有一定的缺
点,如保存时间不长,容易遭虫蛀或着火损毁等,相比西方以石头为材
料的建筑,木构建筑重修的周期较短,因此天然材料已经不能满足实
际需求。此时,人工烧制的材料便出现了。我国制砖技术出现较早,
秦砖汉瓦名扬天下。至明代,由于制砖技术和黏结材料的发展,砖构
建筑被广泛使用,砖山墙开始普及。

乐平古戏台中广泛应用封火墙,也叫山墙、防火墙、马头墙等。马

头墙是徽州建筑的重要特色,是两侧山墙高于屋面的墙垣,主要有隔断火源的作用。乐平邻近徽州,受到其影响也是自然的,只是在发展和演变过程中因地域和工匠的不同,形式和做法有些许变化。乐平古戏台木构架属于穿斗抬梁相结合式,除主要立柱(如檐柱)较粗大外,多数还是较细的,且排列紧密,需要严格防火。戏台两侧的山墙砌于柱外或紧靠立柱,将边缘的立柱完全围拢,可起到良好的防火、维护作用。马头墙墙身上部高出屋面最低在1米左右,高的可能有2米多,这通常是根据马头墙的形式以及墙上的脊饰高低而定的。马头墙轮廓呈阶梯状,循屋顶坡度逐级跌落,远远望去错落有致(图4-54)。通常有一阶、二阶、三阶、四阶、五阶之分。墙头出三阶梯者,在乐平当地叫"三字墙"(图4-55);墙头出五阶梯者,称为"五岳朝天"。另有一些马头墙则特意做成奔腾的巨龙状,如果是祠堂台,龙状的马头墙则从戏台开始一直绵延至祠堂处,巍峨壮观,例如涌山昭穆堂两侧的马头墙,显示了族人的美好愿望(图4-56)。马头墙上还安有各种"座头",有鹊尾式、坐吻式、朝笏式等数种。鹊尾式即雕凿一似喜鹊尾巴的砖作为座头,此类在乐平的民居建筑中较为多见;坐吻式是将窑烧吻兽构件安在座头上,常见有龙、鳌鱼等灵兽;也有朝笏式,显示出主人对"读书做官"这一理想的追求,这种在乐平古戏台中最为多见。高低起伏的马头墙,给人产生一种"万马奔腾"的视觉效果,寓意着整个宗族生气勃勃、兴旺发达。

图4-54　层层跌落的马头墙

图4-55　三阶朝笏式马头墙

图4-56　蜿蜒如巨龙状的马头墙

| 二、墙体砌筑方式与做法 |

在我国封建社会初期,墙体的砌筑多是单砖、单向、单面垒砌,考虑到所砌砖体的稳固性,采取了上下错缝的方法。汉代,随着砖的规格趋向统一标准化,砌砖形式才发展到单砖多向、多面及空斗等各种组合形式,其中有些形式为后代继承并沿用至今。明清时期墙体主要采用鸳鸯墙、空斗墙、单砖墙。乐平古戏台主要为木结构,墙体部分主要是指祠堂、戏台等木框架搭好后建筑两侧或三面的墙体及屋檐上方的马头墙。这些墙体主要是维护结构,并不承重。乐平古戏台墙体结构主要采用青砖空斗砌筑,即用砖侧砌或平侧交替砌筑成空心墙体,叫作空斗墙(图4-57)。部分空斗墙内填充碎石、黄土或转角处填充砂浆,如车溪敦本堂的外墙体(图4-58),采用的就是青砖斗砌,中填黄土。还有的为底部做眠砌,上部斗砌和眠砌交替砌筑,如镇桥镇浒崦戏台两侧的墙体即为此种砌筑方式。墙体砌好之后,外粉刷白灰浆。墙体的厚度一般根据戏台的高度来确定,明清时期都使用青砖,墙厚即为一块砖的长度,为30厘米。

乐平古戏台的墙体为糙砖墙,所用的砖不需要加工,掺灰泥砌筑,

图4-57 空斗墙

图4-58 车溪敦本堂外墙砌筑方式

灰缝口的宽度一般在5~10毫米。现代的砌砖方法多为三七缝或梅花丁。三七缝又称三顺一丁砌砖法,是指墙的每层摆砖按一块丁砖、三块顺砖为一组进行摆砌。梅花丁又称丁横拐砌砖法,是指每层摆砖按一丁一顺为一组进行摆砌。现在的砌法往往比较灵活,多依照泥瓦匠的砌筑习惯而定(图4-59、图4-60)。台基以上的墙体每砌筑1.8米左右,便会在戏台木立柱与墙体之间加一根墙系(qiángjì,乐平本地叫法,实际上即为明清时期的木牵、铁牵)固定。墙系可以是木质的,也可以是铁质的,或者是木与砖相结合的。当地师傅称,早期木与砖结合的墙系会在砌墙前根据需要,到制砖的地方定制好。墙系一侧断面为正方形,另一侧断面为梯形(图4-61)。正方形一边紧靠立柱,并用竹钉或铁钉钉在木立柱上;梯形一边卡进墙体中已经预留好的位置,固定好之后梯形一边的上方继续砌墙。此法可有效防止墙体向外倒塌(图4-62、图4-63)。屋面以上砌马头墙。首先砌三线拔檐,砌好拔檐之后,两面开始铺设底瓦、盖瓦,而后中间筑脊,脊上立小青瓦,再在每只垛头顶端安装博风板(也有些马头墙做法简单,不安装),有的继续加盖披水砖,最后安装马头墙雕饰构件。

图4-59 砌筑墙体(现代做法)

图4-60 砌好的墙体

砖墙砌好之后,对墙体表面要做抹灰处理。抹灰前先将砖墙浸水润透,将当地的芦苇草(或者麻)截成3~4厘米长的段并加到白灰中调和,或是将草纸泡烂掺入白灰中捣制,以其作为底灰刮抹墙体表面,可

图4-61　木牵　　　　　图4-62　木牵将墙体牵固　　　图4-63　讲解木牵的做法

以防止灰面后期发生开裂,最后在表面再刮抹一遍白灰。现在的做法多是在墙体砌好后,用灰和沙子混合后做底灰刮抹于墙体表面,只是在屋脊等一些关键的转折衔接处用加入麻或者纸筋(泡烂的草纸)的底灰刮抹。在飞檐翘角部位的戗脊处则是用糯米粥加桐油,并混合石灰和沙后做成的灰来处理,以起到防水和加固的作用。乐平古戏台的墙体早期多为白色,后随时代发展,很多戏台的马头墙上会施以彩绘,如2019年完工的杨子安戏台马头墙和2020年完工的临港戏台两侧的马头墙(图4-64、图4-65)。

图4-64　杨子安戏台马头墙

图4-65　临港戏台马头墙

第七节
戏台装修与维护

　　装修在以木结构为主体的中国古建筑中占有重要的地位。装修的作用首先体现在功能上,具有分隔空间、采光、通风、防护等功用,另外还体现在艺术效果和美学效果上。唐以前的装修比较简单,至五代时出现了格子门窗(清代称为隔扇),这是装修形式中一个较大的突破性发展。后来随着建筑技术、工艺的发展,以及人们对美的追求,装修形式越来越丰富,精细的雕刻开始逐渐用于建筑内部的装修。明清以来,开始将书法、绘画以及镶嵌等工艺与装修结合在一起,将人们对吉祥、富庶、幸福的追求抽象为各种吉祥图案,用谐音、借喻、象形的手法表现出来。乐平现存最早的古戏台建于明代,其他古戏台则是以清代时期的占多数。因此,现存古戏台中的装修与装饰手法、形式极大地体现了明清时期的特色。民族文化的精与深使装修具备了浓郁、强烈的民族特色,形成了传统木构建筑内部空间的鲜明特点。也正是因为装修在建筑中具有如此重要的作用,历代的能工巧匠都把小木装修的创作作为体现民族地域风格、施展艺术才华的舞台。

乐平古戏台小木作装修主要包括地板、天花、藻井、板壁、隔扇、花罩、门窗等。装修的重点主要集中在戏台中央及其周围的木构件上。

首先是戏台台面(地板)的安装(图4-66),台面采用木质材料,其目的主要是方便演员演出,尤其是在做一些武戏动作的时候,木板铺设的地面舒适性更强,有利于一些扑跌翻打的武技表演。地板的铺设往往有两种做法:先铺设或者所有内部装修完成之后铺设。早期一般是先铺设,即在屋架立好并核验各立柱无问题之后,便进行地板的铺设。首先按戏台进深方向,用直径约20厘米的圆形杉木做承力构件,檩两端做成榫头嵌入柱内。之后在其上方每隔一定距离垂直铺设上下两个面刨平的圆木,刨平的目的是使戏台台板与支撑其的檩木搭接牢固。最后上方铺设宽约20厘米、厚4~5厘米的木板,此处所用的木料均为当地所盛产的杉木。也有的地板是宽15厘米左右、厚3厘米的长条形杉木板。

戏台上直接铺木板　　　放好垫木待铺设地板的台面　　　铺设地板

图4-66　戏台台面安装

随着社会的发展,新的材料如水泥等逐渐运用,但台面上演员演戏的区域依然采用传统的木质材料。现代有不少这样的做法:戏台台基直接用砖砌筑好之后,表面刮抹水泥,台面上舞台中央表演区域则预留出铺设木板的位置,高度大约4厘米,在所有内部装修基本完工之后,铺设木板(图4-67)。

戏台地板安装完毕之后,即可进行戏台内部空间的小木装修。装修时通常先安装天花,对于平板的天花,工匠师傅在做屋面的时候,往往就会顺带一起做好。而戏台中间位置则预留出来以安装重要的构件,即藻井,建筑内呈穹隆状的天花被称作藻井(图4-68)。藻井与普通天花一样,都是为遮蔽建筑内部枋、檩、椽等构件而做的室内顶部装修。

图4-67　中间开间铺设木板　　　　图4-68　国宝级戏台——浒崦戏台的藻井

中国传统文化思想注重人与自然的关系,表达出对天的敬畏和崇拜。这种思想在中国人的心中可谓根深蒂固,人们始终对上天保持着敬畏之心。在乐平古戏台中,戏台的圆形藻井象征了崇高的天宇,戏台的台面则代表了大地,总体意为天圆地方,天人合一。"天(藻井)地(戏台)"间的戏曲则演绎了人世间的悲欢离合。戏台藻井防火的寓意,据《风俗通》记载:"今殿作天井。井者,东井之象也。藻,水中之物。皆取以压火灾也。"关于东井,西汉大史学家司马迁所著《史记·天官书》中注有:"东井八星主水衡。"东井即井宿,星官名,二十八宿中之一宿,有星八颗,古人认为是主水的。由于古代缺乏应对自然灾害的有效手段,只能努力从多方面表达自己的愿望。乐平古戏台为木构建筑,在戏台的中央做藻井,反映了当地人民对镇火的良好愿望,希望能借以压伏火魔作祟,保证建筑物的安全。

封建社会里等级制度明确、严格,凡与皇家有关的东西,民间皆视为禁忌。如穿衣不着黄,画龙不点睛,稍有冒犯,便会招来杀身之祸,藻井也在其列。因此在古代,藻井只能用于最尊贵的建筑物中,如宫殿中帝王宝座的上方或坛庙、寺庙建筑中佛坛的上方,在增强肃穆感的同时也彰显了当时的等级制度。《稽古定制·唐制》中有载,凡王公以下屋舍,不得施重拱、藻井。由此可见,唐代就有明确规定:非王公之居,不得施藻井。但是在戏台上是个例外。在乐平,戏台最早是临祠堂而建的,主要用来演戏,敬祖娱神,故藻井的使用似乎并不会僭越规制。据车文明所著《中国古戏台调查研究》,明代南方戏台中已有设藻井者,如江西婺源县阳春方氏宗祠戏台,只是在当时还不普遍。至清代,戏台上设置藻井的现象已经很多了。藻井的构造和形式也有了很大发展,且南方与北方有诸多不同。藻井位于戏台中央空间的正上方,呈伞盖形,也有一些地方因其状似鸡笼而称其为"鸡笼顶",如浙江宁海地区。明清时期藻井的结构已经与元代戏台上的大不一样,承重作用大大减小,装饰目的更为明显,极尽复杂精巧、富丽堂皇之能事。

古戏台上的藻井具有防火、扩音、装饰三种功能。如前所述,藻井用于戏台,最初是出于镇火之意。后期人们发现藻井具有吸音和共鸣的物理特性。古代是没有扩音器的,藻井却能使演员发出的声音聚集而不至发散、混杂。[①]因此,藻井成为古戏台上一种特殊的音响调节装置,能传递给观众最优质的声音,其功能大概相当于现代音乐厅中的反射罩。为了克服反射产生回音、长延时反射等声学缺陷,藻井凹面必须有柔和的曲度。藻井构造复杂有序,而这种复杂有序的构造恰恰又呈现出了一定的装饰性,且装饰性后来成为藻井的主要功能。有

---

① 徐培良,应可军:《宁海古戏台》,中华书局,2007年。

的顶部正中施以彩绘,有的施以人物或动物雕刻(图4-69、图4-70)。

图4-69　戏台藻井

图4-70　八角形藻井

　　藻井从底到顶嵌拼如意状的小斗拱,成环状旋榫,堆叠向上,且密度极高,从下到上层层盘旋归于井顶。这种高超的构筑手法,不仅体现了外观上的壮美,而且科学地运用了声学原理,使演唱时发出的声音不至于往上跑,而是返回到舞台上,同时舞台下方放几口大缸与之配合,起到共鸣的作用,把整个舞台的中下层变成了一个共鸣箱,可以得到"绕梁三日"的音响效果。藻井在制作过程中不施一枚钉,全部采用精致小巧的木构件紧密有序地榫接而成,技术上容不得半点含糊,其制作工艺可以说是乐平古戏台营造技艺中的一绝。可以说藻井是乐平古戏台建筑技术、艺术和工艺的完美结合。在乐平,几乎每座戏台都有藻井,结构复杂,形态各异。

　　藻井由细密的斗拱穿插承托层层螺旋而上至藻心,一般有正圆形和八角形两种。乐平古戏台的藻井造型多样,大体上以戏台正间上方的圆形藻井为主。藻井由上、中、下三层组成,最下层为方井,中层为八角井,最上层为圆井,从下到上由四方变八角再变圆。方井是藻井的最外层部分,由四周额枋组成,方井之上通过施用井口趴梁,抹角枋,正、斜套枋,使井口由四方形变为八角形,八角形为四方形向圆形的过渡部分。正、斜套枋在八角井外围形成许多三角形或菱形,称为角蝉。最上层的圆井常常是由一层层厚木板挖拼而成的,叠摞起来形成圆穹。圆井之上单挑如意式斜拱凭榫卯挂在圆穹内壁,斜拱层层收缩,呈涡流回转的螺旋形,至顶形成一圆井,井口覆盖板,盖板之下或雕有盘龙,或施以彩绘。藻井制作如图4-71所示。

制作藻井的木构件　　　　　　　　　藻井制作中

藻井侧边构造细节

安装藻井上的构件

图4-71　藻井制作

　　藻井底部多挥金髹漆,藻心则雕刻各类吉祥人物或图案(图4-72)。有的甚至不惜工本,除藻心做浮雕双龙戏珠外,还在周围配以八仙或封神榜人物圆雕,并做沥粉贴金,显得精美华丽。如镇桥镇浒崦古戏台,其顶棚有三口藻井,中间一口为覆钵式,以十三层斗拱互叠旋转而上,宛转如流云,圆穹内镶嵌脚踩祥云的圆雕八仙,藻心做浮雕飞龙戏珠。浮雕和圆雕均施以重金,层层斗拱做髹漆处理,站在戏台中央足以感受到它的富丽堂皇和强大震撼力(图4-73)。两侧的藻井则为方形轿顶式。韩家戏台为七层斗拱盘旋而上成覆钵式藻井。也有的戏台顶棚设方形基座,八角形边框,藻心绘制龙凤呈祥或鲤鱼跃龙门等图案。藻井这一特殊的戏台内部顶棚装修,象征了天宇的崇高伟大,有着非常强烈的装饰效果。

图4-72　藻心

图4-73　浒崦古戏台的藻井

戏台的垂篮、悬柱是一种柱头的装饰。在建造戏台时,乐平的工匠为避免下柱头单调、不美观,多以垂篮、悬柱的方式加以美化和装饰(图4-74、图4-75)。在这里,悬柱主要起到两个作用:一是承载戏台顶板装饰的重量;二是悬柱的使用使得立柱得以减少,也为戏台腾出了更多的使用空间。垂篮的形状多为花

图4-74　形式和内容多样的垂篮

图4-75　戏台上随处可见的垂篮、悬柱

碗式、宫灯式或六棱形,均采用镂雕的雕刻方式,玲珑剔透,极富美感。在垂篮和悬柱上与之相结合的雕刻内容极为丰富,有寿字、文天官、武天官、送财童子等。制作时首先按比例尺寸取好材,锯成六边形基础形,而后进行雕刻(图4-76、图4-77)。垂篮和悬柱是乐平戏台建筑的重要艺术特色之一,将它们运用于下柱头,足以看出乐平工匠对戏台建筑的重视程度,工匠们对于每一处建筑细节都可谓倾尽心血与智慧。

图4-76　匠人在制作垂篮　　　　图4-77　匠人在雕刻大型垂篮

　　隔扇,宋代称"格子门",是安装于建筑物金柱或檐柱间,主要用于分隔室内空间的一种装修(图4-78)。隔扇是乐平古戏台中极为普遍和常见的一种内部装修构件。某些简洁古朴的戏台,往往只采用无任何雕刻的普通木板壁来分隔空间,例如双田横路万年台、鸬鹚韩家万年台等。传统建筑中的隔扇通常具有墙、门、窗三位一体的功能,是建筑内部空间装修不可缺少的部分,为空间营造了一种典雅感。在古戏台中,隔扇则更多地具有墙的分隔性功能。例如,用隔扇分隔前后台,或用在戏台后方仅仅作为"背景"之用。随着时代的发展,出现了一些现代的隔扇做法,只采纳了传统隔扇的部分做法和特征,并加以简洁化,形成一种新的只具备传统隔扇外部形态特征的现代隔扇,装饰性和繁复性大大减弱。

图4-78　杨子安戏台隔扇

隔扇由边框、隔扇心、裙板、绦环板这些基本构件组成。将隔扇的裙板以下部分去掉便成了槛窗,槛窗在乐平戏台中的应用较少,尤其是古戏台中更为少见。目前所见的乐平金山农科园碧村万年台中装有槛窗。隔扇外边框是隔扇的框架,隔扇心是安装在外框上部的仔屉,裙板是安装在外框下部的隔板,绦环板是安装在相邻两根抹头之间的小块隔板。外框的边和抹头是凭榫卯结合的,通常在抹头两端做榫,边梃上凿眼。为使边抹的线条交圈,榫卯相交部分需做大割角、合角肩。隔扇边抹宽厚,榫卯做双榫双眼。隔扇边框内的隔扇心凭头缝榫或销子榫安装在边框内。

裙板、隔扇心、绦环板是装饰的重点位置,其上常做各种装饰性很强的雕刻图案。乐平古戏台中的隔扇会在隔扇心上嵌以雕刻的花鸟人物,并在裙板、绦环板、隔扇心上沥粉贴金,极其奢华艳丽(图4-79)。隔扇有两抹、三抹、四抹、五抹、六抹多种,一般依功能和体量大小及豪华精细程度而定。乐平古戏台采用的基本为五抹(即五根横抹头)隔扇,除了出于坚固的需要外,更多的是为显示戏台的细致精巧、豪华艳丽。如镇桥镇浒崦戏台,内安五抹隔扇门四扇,作为分隔前后台之用,上部窗格中嵌戏曲雕塑。裙板和绦环板安装时,会在边梃及抹头内面打槽,将板子做头缝榫装在槽内,制作边框时连同裙板、绦环板一并进行制作。古戏台中隔扇的宽、高比例不等,一般为1:4左右,下方裙板与上方隔扇心的比例因戏台而异,有的上短下长,有的上长下短,并无严格的规定。

图4-79　浒崦戏台分隔前后台的隔扇(图片来源:《中国乐平古戏台大全》)

　　花罩也是古建筑室内装修的重要组成部分,主要用来分隔室内空间,安装于室内进深方向的柱间,具有很强的装饰性。花罩同隔扇一样,做工都十分讲究,可谓集技术、艺术于一身(图4-80)。古建装修中的花罩有多种,如几腿罩、栏杆罩、落地罩、落地花罩等。乐平古戏台

图4-80　几腿罩与隔扇搭配

装修中应用较多的为几腿罩和落地罩,两种花罩的使用造成戏台明间、次间、梢间等既有联系又有分隔的环境氛围。古建中几腿罩是花罩中最简单也是最基本的一种,其他花罩都是由其发展而来的。几腿罩由两根横槛(上槛、中槛)和两根抱框组成,两横槛之间是横陂,分为五当或七当。空当内安装棂条花格横陂窗,中槛与抱框交角处各安花牙子一块。从立面看,这种花罩两侧的抱框恰似几案的两条腿,故得名"几腿罩"。乐平古戏台中几腿罩的做法与传统建筑居室空间中的略有不同:抱框往往就是戏台最中间两根粗大的金柱,两槛之间的横陂不会分为几当,基本就是一块浮雕贴金的整板,个别做棂条花格,其上悬挂楹额。几腿罩与其后方用来分隔前后台的隔扇相隔一段距离,产生一定的空间感。还有一种为落地罩,形式与几腿罩有些相似,只是在抱框内侧各安装一扇隔扇。无论是几腿罩还是落地罩,在戏台的内部装修中都起到了很大的装饰作用,极大地丰富了戏台的内部空间。

图4-81　戏台板壁

板壁是戏台内部分隔空间所用的板墙,多用于进深方向的柱间,由大框和木板构成(图4-81)。造价较低、装饰简朴的戏台,通常不会用隔扇或者花罩,而是采用大面积的板壁来分隔空间。其构造做法为在柱间立横竖大框,然后装满木板,两面刨光,表面或涂油漆或施彩绘。由于大面积安装的板壁容易出现翘曲、裂缝等,因此,戏台内部空间中采取将大面积板面竖向或横向分成若干块的方法,然后进行安装。

在戏台防护方面,为使戏台免遭风吹日晒雨淋,保证戏台的使用年限,会对建好的戏台设置防护木板(图4-82),即戏台台口处的木封板。通常开戏时才会卸下,观戏结束后再由专业人员安装上。也就是说,如果想去一睹古戏台的"芳容",不在特定的时间内是很难看到的。

图4-82　为戏台安装木封板

第五章
乐平古戏台的装饰工艺

第一节　雕刻工艺
第二节　油漆和贴金工艺
第三节　匾联工艺

中国古代建筑非常重视装饰艺术,古代工匠利用木结构的特点,创造出不同的屋顶形式,使屋顶曲线化,具有动感,又在屋顶上塑造出鸱吻、仙人、走兽、七彩宝瓶等装饰物(图5-1)。还在简单的础、柱、梁、枋或台基上进行雕刻、彩绘,在形式单调的门窗上雕刻出千变万化的窗格花纹样式,将用于承重、传递荷载的斗拱也尽力变形,改变其形态,或贴金彩绘,使其华丽多彩。中国古代建筑装饰不仅注重外观漂亮,而且注重丰富的文化内涵,反映丰富多彩的民俗风情,体现传统文化的价值观念①。

图5-1　戏台屋顶装饰(图片来源:《中国乐平古戏台大全》)

  以村镇为聚落的民间建筑群落,既是人们物质生活的基础,也是民众精神需求的载体。古代乐平的农村,分布有三类建筑:民居、神殿(家族祠堂、佛道庙观)、古戏台。三者之间有着不可割裂的紧密关系,三类建筑共同刻画出了乐平先民的精神生活轨迹。在人神交流的祭祀需求中产生的古戏台,其特有的宗教性和娱乐性的民俗文化特色,集中体现在其建筑装饰及工艺上。

  乐平人对戏曲和戏台的钟爱,一方面,使他们不惜花重金对戏台进行修饰装点,其豪华程度是其他类型建筑所无法比拟的(图5-2、图5-3);另一方面,戏台上的装饰除了具有艺术性外,还有一定的思想

---

① 车文明:《中国古戏台调查研究》,中华书局,2011年。

图5-2 杨子安戏台内部装饰

图5-3 许崦戏台内部装饰

性,既满足美的要求,还能满足族人的思想要求。古戏台装饰艺术丰富多彩,装饰手段极其多样,只要是眼睛所及的地方几乎无一落下。

清代时期的戏台,装饰繁复华丽,渐趋极致,尤其是清中后期,戏台的形体、工艺技巧、艺术品位等方面都得到不断提升、创新,体现了一个时代的审美追求。戏台装饰求繁、求精,一方面是建筑本身发展使然,另一方面是由于观众追求观戏时的舞台视觉形象。这些围绕在表演者周围的"视觉形象因素",既为戏曲表演提供了背景衬托的功能,也起到消除或减弱其他视觉干扰的作用。①

戏台建筑上的装饰都涵盖了哪些部分呢?我国建筑学家对建筑装饰曾做了这样通俗的界定:"建筑物上的附加(或涂刻)上去的艺术加工。"②乐平古戏台的建筑装饰工艺则包括了雕刻、油漆贴金、彩绘、镶嵌、灰塑等这些"附加(或涂刻)上去的艺术加工"。有些装饰处理是直接与工艺品的结合,如戏台后方分隔前后台的隔扇上的匾额、柱子上的楹联、隔扇棂心的雕板及花饰、屋顶的灰塑花脊,以及隔扇门、屏风、藻井等。装饰艺术与手工艺制作广泛结合,形成了华丽、精巧、细腻的风格(图5-4、图5-5)。

乐平古戏台涉及的装饰工艺众多,在此不能一一详述,故在本章

① 罗德胤:《中国古戏台建筑》,东南大学出版社,2009年。
② 沈福煦、沈鸿明:《中国建筑装饰艺术文化源流》,湖北教育出版社,2002年。

图5-4　晴台檐下装饰

图5-5　檐下八字枋,也称屠刀雀替

节中选取最具有代表性的几类如雕刻工艺、油漆和贴金工艺、匾联工艺等进行论述。从雕刻工艺来看,乐平多数的古戏台达到了"凡木必雕,凡雕必美"的程度。雕刻题材多样,雕刻内容众多,工艺尤为精湛。戏台上雕刻的花鸟、神仙、瑞兽、人物及民间故事、戏剧情节等,既体现了乐平传统的审美文化和审美精神,又成为研究乐平当地传统文化和戏曲文化的重要史料。贴金是戏台的另一重要装饰手段,现存的众多古戏台如镇桥镇浒崦戏台、坑口古戏台、塔瑞村戏台等都使用大量金箔进行装饰,用"金碧辉煌"来形容丝毫不夸张。匾联承载着中国传统的书法艺术，在给人以美好视觉享受的同时，又为戏台营造了浓厚的文化艺术氛围。

第一节
雕　刻　工　艺

　　构筑华丽，雕刻精美，是南方明清建筑的普遍特点，戏台更是如此。乐平古戏台装饰位置众多，柱础、梁、枋、斗拱、雀替、藻井、隔扇、门窗、屋脊等，凡露明者，或者视线所能及之处，都要尽力精雕细琢并髹漆贴金。尤其清代，戏台的装饰性雕刻呈现出繁荣缤纷的局面。从建筑材料质地来看，戏台雕刻以木雕为主，配以少量石雕、砖雕。雕刻图案和纹样繁复而巧妙，龙凤麒麟、松鹤柏鹿、戏曲情节、人物故事、飞禽走兽等栩栩如生。雕刻手法有浮雕、透雕（也称镂雕）、圆雕、贴雕和彩木镶嵌雕等。如临港戏台，戏台由梁（图5-6）前方、下方做满梁雕

图5-6　在原址复建的临港新戏台由梁

145

刻:前方中间为戏曲故事"蟠桃会",人物众多,千姿百态;下方为双龙戏珠,生动精美。由梁两端配以其他图案。由梁后方四周的木枋上也满施雕刻,显得浑厚而凝重。

一、木雕工艺与技法

乐平当地盛产木材,如樟木、杉木、松木等,古戏台又为全木结构,因此木雕艺术应用最为广泛。砖雕和石雕较木雕而言要少很多,砖雕多用在屋脊上,石雕则只在祠堂入口门楼和柱础上有所显现。木雕是中国古建筑长期使用的一种装饰手法,且由来已久。《周礼·考工记》中已有关于雕刻的内容;宋代《营造法式》一书中明确记载了我国古代木雕的详细工艺、雕刻手法及装饰图案;明清时期木雕又在历史的基础上进一步发展,并渐趋成熟,较宋元时期更加立体化,乐平古戏台精美的雕刻便是这一时期的产物(图5-7)。

图5-7 繁复的浮雕、透雕

乐平戏台雕刻工艺以浮雕、透雕、圆雕最为普及(图5-8至图5-10)。浮雕是在平面上雕刻出凹凸起伏形象的一种雕法,且工匠们尤其善刻,只供一面或两面观看,用先放好样、画好图案的原木进行雕刻;透雕是明清时期常

图5-8 浮雕

见的雕法之一,这种雕法雕出的作品有玲珑剔透之感,易于表现雕饰构件两面的整体形象;圆雕则是一门高深的技艺,全凭工匠对事物的整体把握能力在原木上粗略勾勒轮廓,然后对木材进行雕刻。例如,古戏台的斜撑,多采用圆雕方式,主要以狮子、鹿、人物等为雕刻内容。

图5-9　透雕　　　　　　　　　　　　　图5-10　圆雕

乐平工匠在雕刻时,对于雕刻形象通常采用"一刀功",极少做"二次打磨",刻痕清晰可见,转折处线条硬朗、刚劲有力(图5-11、图5-12)。这种做法与东阳木雕有极大不同,东阳工匠在雕刻时喜二次打磨,进行光洁处理,磨掉刀凿痕迹之后,人物面部被打磨得圆润,作品显得更加细腻。据了解,乐平地区采用一刀功的原因有两个:一是与

图5-11　只雕刻不打磨的人物面部　　　　图5-12　戏文中的人物雕刻

当地人的秉性及生活习俗有一定关系。乐平人生性豪爽，平日里喝酒猜拳，嗓门个个好似戏台上的花脸，因此不经打磨、棱角分明的人物面部雕刻才能凸显出乐平人的性格特点①。二是由于戏台建筑一般较高，屋架、梁、枋等较为高远的构件上雕刻的人物或动物形象，如果打磨的话无法很好地凸显艺术效果；而棱角分明又有阴影效果的话，会比较适宜远观。过于细致的打磨不仅浪费时间，而且台前的观众也只能看到其大致轮廓。故一般戏台高处越是视线不及的地方，雕刻就越会棱角分明。对雕刻形象不打磨的做法便成了当地雕刻艺术特殊的审美特性。

戏台雕刻有其特殊的加工程序，复杂而精细。操作之前需要将雕刻的位置和内容确定好，并定好尺寸。具体程序可分为以下几步：第一步是放样，根据木材的尺寸与规格，将图案放大并比较详细地描到木材表面。如果是圆雕（分为半圆雕和立体圆雕），则往往只在木料上画出控制尺寸，此外还应画上中线。第二步是打粗坯，该留的留，该剔的剔，凿打出图案的大致轮廓。这时木料上会出现深浅不同且富有层次的初步形象。第三步是打细坯，进行深入加工，完成图案整体形象。第四步是整体修整，并在需要的地方将形体的表面进一步刮光，但不需做任何打磨处理，保留一定的雕凿痕迹。圆雕修整时无须刨光，加工后用圆铲小心剔光，有时用细砂纸加以打磨。

二、砖雕和石雕工艺

在乐平古戏台的雕刻中，砖雕主要用于屋脊（图5-13、图5-14）和戏台门楼处，石雕则主要用在柱础上。

---

① 来自乐平市古戏台博物馆原馆长余庆民。

图5-13　屋脊砖雕(图片来源:《中国乐平古戏台大全》)

图5-14　浒崦戏台砖雕屋脊

1. 砖雕

　　不同的历史时期,乐平砖雕的表现形式和风格有所不同,年代越近,雕刻越繁复。从乐平现今唯一一座明代戏台——涌山昭穆堂戏台可以看出,明代基本没有采用砖雕,屋脊上仅仅是以小青瓦的不同堆砌方式来进行装饰。清早期,砖雕风格粗犷、雕刻简洁、雕饰朴素,且一般为浅浮雕或简单图案的透雕,雕刻内容为简单几何形或单一花形。清中后期开始,屋脊上采用的砖雕渐趋工巧繁缛,形式多样,题材更加广泛,浮雕、透雕、圆雕等雕刻手法并用。戏台屋脊多是由二方连续的万字、双钱、方胜等纹样排列出繁复的青砖浮雕、透雕组合图案。
如现存砖雕较为繁复精细的清道光年间的镇桥镇坑口戏台、清同治年间的浒崦戏台，其正脊上方均采用两层砖雕，刻意增加了屋脊的高度，各垂脊上则采用单层砖雕，同时正脊、垂脊上还分布若干圆雕脊吻，多以龙、狮、麒麟等灵兽或仙人为题材，千姿百态，栩栩如生。砖雕使得原本单调的屋脊产生了生动、立体的装饰效果。

图5-15　车溪敦本堂砖雕门楼

　　砖雕还多用于祠堂台入口处的门楼雕刻（图5-15至图5-18）。虽说古戏台和祠堂建筑均以木构为主，但部分祠堂台入口处的门楼依然会采用与徽派建筑相似的砖雕门楼样式，精美的门楼向人们展示了乐平匠人精湛的砖雕技艺。乐平砖雕门楼主要有三种样式：门罩式、八字式和牌楼式，并且以八字式门楼较为多见，如车溪敦本堂祠堂台、洪岩项家庄五桂堂祠堂台、临港上堡叙伦堂祠堂台等。五桂堂戏台始建于清初期，门罩为三间四柱五楼式，两侧形成八字形入口，门楼为仿制木结构柱枋形式的砖雕。涌山流槎村祠堂台入口门楼为牌楼式（三间四柱五楼式）门楼。另外，为增加层次感，加强表现效果，有些门楼还会采取石雕与砖雕相结合的方式。

图5-16　项家庄五桂堂祠堂台八字式门楼
（图片来源:《中国乐平古戏台大全》）

图5-17　临港上堡叙伦堂祠堂台八字式门楼
（图片来源:《中国乐平古戏台大全》）

　　砖雕的工序也很讲究，第一步是选

图5-18 涌山流槎村祠堂台三间四柱五楼式门楼(图片来源:《中国乐平古戏台大全》)

砖,砖的好坏会严重影响雕刻的质量。乐平地区雕刻所用的砖质地细密,敲击时声音清脆。第二步是磨砖,即把砖面磨平。也有的砖不需要磨,直接放样雕刻。第三步是放样,将大概轮廓在砖坯上用笔勾画出来,然后再画细部图样,之后用最小的錾子沿笔迹轻刻一遍,以防笔迹在雕刻过程中被抹除。第四步是在砖上进行细致雕琢。在粗坯基础上雕完后,还需要进行修补和清理。修补即用白灰、砖灰、青灰加水调匀,将残缺之处和砂眼找平,之后清理干净。

2. 石雕

石雕主要用在戏台柱础中(图5-19)。现存最早的明代涌山昭穆堂古戏台中,柱础为简洁的素六边形,即使个别重要立柱的柱础也只是采用简朴的图案。明清时期,不露明的柱础,多是简洁的方形、圆鼓形或扁圆形;而露明的尤其是重要立柱下方的柱础雕刻相对精美,雕饰纹样丰富,多采用卷草、花卉、莲花等吉祥富贵的图案,或者直接雕刻成覆盆式、覆莲、仰莲等。至于石雕的雕刻手法,则与木雕相似,且以浮雕居多,圆雕极少,风格古朴大方,呈现出极大的体量感。

图5-19 不同造型和雕刻图案的石雕柱础(图片来源:《中国乐平古戏台大全》)

| 三、雕刻题材及文化内涵 |

　　乐平古戏台的木雕华丽精巧,洗练流畅,涉及的木构件多而广,以梁、枋、雀替、撑拱、隔扇、门窗、匾额、楹联等处最为显著。雕刻题材包括戏剧场面、历史故事、神话传说、社会风情以及山水、花鸟、神仙、瑞兽、亭台楼阁、吉祥纹样等,有写实、具象的,也有抽象、写意的,题材、内容极为丰富,充分表达了乐平人对美好生活和理想家园的追求和祈福。以镇桥镇浒崦戏台为例,戏台共有雕刻构件150余件,其中雕刻戏文人物的就有108件,可见戏曲题材是戏台装饰的重要内容。遍访乐平古戏台,作为雕刻装饰运用到古戏台上的戏曲内容极为丰富,几乎涵盖了乐平民间戏曲发展史。依然以当前保存完好的国宝级戏台——浒崦戏台为例(图5-20),108件雕刻,内容无一雷同,题材丰富多彩,台内外及看楼的额枋、梁、柁及门、窗、壁、叉手上无一处遗漏。人物浮雕有八仙过海、刘海戏金蝉、昭君出塞、蟠桃会、三英战吕布、黄

图5-20　镇桥镇浒崦戏台梁、枋雕刻

鹤楼饮宴、三国、麻姑献寿、打金枝等,镂雕塑像有观音、寿星、金刚、罗汉,吉祥动物有麒麟、狮、虎、蟠龙、凤凰等,雕刻精湛,千姿百态,惟妙惟肖,几乎可以称为曾在乐平民间上演过的戏曲曲目的"展示台"和"档案馆"。戏台台口檐柱正中木枋上所刻的图案是形象生动的"九狮过江"(狮子戏球)高浮雕。在传统图案中,狮子是权力的象征,群狮寓意着子孙官职高升,"九狮过江"则象征着"九合一匡",同时也寓意着

"九世(狮)同堂"。"麻姑骑凤""寿星骑鹿"都是祝愿人们富贵长寿、绵延万年。在乐平古戏台的一些突出部位如斜撑,则选择一些戏曲里的典型人物并用圆雕的技法进行雕刻,作为戏台装饰。这些雕刻内容和图案符合人们的愿望,很自然地被群众广为接受,成为大多戏台雕刻时选取的素材。

另有一类雕刻内容则表达了乐平民众的崇文心态。在本书第一章中曾提到,当地民众尤为重视文化教育,有着浓厚的耕读传家的地方民俗。"学而优则仕"的思想深入人心,通过科举走入仕途并飞黄腾达是古时民众改变身份、改善生活最为有效的手段。因此,当地村众无不处处显露出对文化的倾心与对文人的敬重。这一点在戏台建筑木雕上都有体现,集中表现在以劝学为雕刻的内容,如"孟母三迁图""状元及第图"等。在许多楹联上也能找到相应的表达,如"可当经史读,莫作等闲观""善始善终千古忠心昭日月,能文能武一腔正气撼乾坤"等,这些观念意识也成为戏台雕刻中所要表达的主题内容之一。

在古戏台的雕刻构件中,还有一较为典型和多见的构件,即柱头。为避免戏台上下吊的柱头过于简单,通常还会配以各式垂篮加以装饰。垂篮的制作由雕工完成,样式有花碗式、宫灯式或六棱形,雕刻手法均为镂雕,玲珑剔透。垂篮的雕刻内容众多,有寿字吊篮、文天官、武天官、送财童子、凤采牡丹等。

四、吉祥纹饰的运用

古戏台的建筑装饰中,除了大量与戏曲人物和故事相关的雕刻外,吉祥装饰纹样的应用也较多。人们希望通过吉祥纹样来寄托对物质生活和精神生活的向往,因此吉祥纹样成为表达人们美好追求的重要载体。在乐平古戏台装饰中被应用的吉祥纹样,大致可以分为动物纹、植物纹、几何纹、文字纹等,寓意丰富(图5-21、图5-22)。寓意手法一般有象征、谐音、比拟等。例如牡丹、兰花、祥云、葫芦、石榴等,牡丹象征美好与富贵,兰花有朴素高洁之意,祥云寓意祥瑞之气,石榴象征多子多福。古戏台装饰中谐音的运用也极为常见,在这类装饰图案或纹样中,构成元素并不是以其内在的逻辑或者形式上的关联作为组合结构,而是以图形元素本身的名称来组合构成谐音式的吉祥语。如寿星骑鹿斜撑,寓意寿禄双全;戏台斗拱多装饰蜘蛛图案,乐平人称蜘蛛为"喜儿",用蜘蛛装饰的斗拱称"喜喜儿拱",寓意喜从天降;莲花和鱼配合在一起的图案,寓意连年有余;常

图5-21　吉祥图案及纹饰的运用

图5-22　吉祥纹饰的运用

见的喜鹊和梅花图案,寓意生活美好、喜上眉(梅)梢。在古戏台装饰中,还有一些具有特定吉祥寓意的几何形纹样,如方胜纹、回形纹、万字纹、卷草纹等。方胜纹是两个菱形压脚相叠,既有"优胜、方正"之寓意,又有"同心"之寓意。明清以来,方胜纹成为民间吉祥图案中常见的纹样之一,在古戏台的额枋上或正脊宝顶两侧常有方胜纹的木雕和砖雕。回形纹因其字形而得名,由连续的回形线条构成,其前身为云雷纹。云雷纹最初象征南方民族对云雷的崇拜,具有震慑邪恶、保平安之意,后来因其连绵不断的特点,成为美好事物长久和万世永存的象征。回形纹在乐平古戏台的木雕装饰中主要用作边饰和底纹,具有整齐划一的效果。卷草纹也是应用较多的纹样,多取忍冬、荷花、兰花、牡丹等花草,经过处理后作"S"形波状曲线排列。线条卷曲多变,

花朵繁复华丽,叶脉旋转翻滚,总体结构舒展而流畅,饱满而华丽,显示出一派生机。

第二节
油漆和贴金工艺

在乐平,油漆和贴金是紧密相接又极为重要的两道工艺。古戏台历经百余年仍然可以"风采依旧",得益于做工精细而且复杂的油漆工艺。如距今已有180多年的国宝级戏台镇桥镇浒崦戏台,木构件表面漆面依然稳固,金碧辉煌。油漆、彩绘和贴金都是对戏台外表的装饰,彩绘只出现在少量戏台内部空间或马头墙上,这里不做详细论述。刚建好的戏台往往不会立即做油漆,主要原因是梁木中还含有水分,且木材种类和来源地都有所不同,因此膨胀系数是有差异的。需要放置2~3年的时间,待木材完全干燥之后,才可以做油漆、彩绘以及贴金,以确保木构件表面的油漆稳固、不开裂、持久性好。一座大型戏台的油漆和贴金工艺需要耗时6个多月,如2019年8月份油漆和贴金工艺完工的乐平杨子安戏台,在戏台风干3年后,于2019年2月油漆工作正式启动,在20多名油漆师傅长达6个月的工作后,8月份油漆、贴金工作才基本结束。据曾经参加过滕王阁修复的油漆师傅叶烈水介绍,这座戏台的油漆工程可谓精益求精,工序极为复杂,有些部位工序可达20道。由此可见,一座壮丽华美的戏台,离不开油漆师傅的精湛而细致的工艺。

｜ 一、地 仗 工 艺 ｜

  乐平古戏台建筑与中国大多数传统木结构建筑一样,为延长使用寿命,使木质表面不受风吹、日晒、雨淋,以及便于在木构件上油漆、贴金,通常需要做一层披麻、挂灰的地仗,根据木材表面的情况将其找平,厚度在1~3毫米不等。地仗一般分一麻五灰、一麻四灰、二麻六灰、单披灰等几种做法。一麻五灰工艺即地仗中包括一层麻和五层灰;单披灰是指不使麻,只需披几道灰,如四道灰、三道灰等不使麻的工艺。各种不同层次的灰壳工艺,都与一麻五灰的工艺原理一致,是一麻五灰的增减。根据在乐平当地了解到的情况,发现戏台地仗并没有固定的几道灰的做法。匠人们会根据木构件本身的情况,最终只要将表面找平即可,对于几道灰并没有特别的规定。另外,地仗的做法往往是根据木构件的使用功能的需要而确定的,一麻多灰的做法常使用在戏台的柱子、檩、枋、板墙等处。

  戏台新做好的木构件有一共同点,即表面光滑、平整,这并不利于木构件与地仗的黏结,需要用小斧子将其表面砍麻,这是传统的地仗工艺的第一道工序。斩砍新木件时,斧刃斜度在30°左右,砍入深度1毫米左右。木构件表面的雨锈、杂物、木屑等要处理干净。[1]当前在乐平的考察调研发现,随着社会的发展,这道工序正在逐渐被省略掉。匠人们的说法是,这样做会增加很多人工费用,为降低成本,现在这种做法已经很少用了。但从长远来看,这道工序如若省略,对后期油漆的质量或漆面所保持的时间长短一定会有影响,而且这道工艺若逐渐淡出戏台的营造,也将成为一种缺憾。

  乐平古戏台的地仗工艺常用的原材料有生漆、血料(即新鲜的猪

---

① 李浈:《中国传统建筑形制与工艺》,同济大学出版社,2010年。

血)、粗灰、中灰、细灰、桐油、生石灰、麻布等。生漆也称大漆、土漆、老漆,是从漆树上采割的一种乳白色纯天然液体涂料,接触空气后逐步转为褐色。生漆具有耐腐、耐磨、耐酸、富有光泽等特性,是传统建筑油漆工艺中常用的一种材料。据乐平的老漆工说,因老漆有一定的毒性,故采割时要尤为注意,需做好防护措施。每年不同季节割漆后,老漆干燥的时间会有所不同。三伏天为割漆的最佳时间段,盛夏时阳光充足,水分挥发快,老漆干燥得快且质量佳。割漆时一般选在早上,待漆液流满木桶之后密封保存。

1. 捉缝灰

乐平古戏台大木构件上的第一道灰为捉缝灰。在施工以前,要清扫施工现场,把木构件上下、建筑内外用扫把扫干净。捉缝灰一般用老漆、桐油、血料、石灰按比例调制而成,根据漆匠的说法,只有大概的调制比例,通常以调制到厚薄适中、刮灰流畅顺手为标准。捉缝灰具有颗粒大、黏结牢固且易干燥的特点,主要用来填补木构件上的大小缝隙或低洼不平处(图5-23、图5-24)。对于木构件上破损程度严重的部位,则可局部满上一层,既填补了缝隙,又可以垫平借圆。传统的

图5-23　立柱裂缝较大,先用捉缝灰填补

图5-24　木构件表面的裂缝

做法为用一巴掌大的富有弹性的薄钢板来回刮,首先将灰抹至缝内(此时灰多浮于缝隙表面,并未进入缝的深处),而后进一步将灰刮入缝隙之内,最后将表面刮平,余灰收净。在捉缝灰干燥之后,要进行打磨,使木构件表面光滑平整,棱角整齐,便于抹下一道灰。

2. 披麻

披麻是在地仗层上粘一层麻。乐平当地使用的麻比较薄,像一层布一样,匠人们直接称之为麻布。麻主要起加固整体灰层、增大拉力、防止灰层开裂的作用。如不披麻,灰层过厚时,由于各灰之间的相互作用,会导致灰壳开裂,因此披麻是古戏台传统地仗工艺中极为重要的一道程序。披麻时要按照垂直于木纹的方向粘,边角粘整齐,如遇柱顶、两构件交接等部位处,宁可亏一些,也不可粘到头。因为这些部位容易反潮,麻又容易吸潮,进而影响到上下灰层。

3. 压麻灰

披麻以后,用扫帚或毛刷将木构件表面清扫干净,开始上压麻灰。压麻灰同样是用血料、桐油、石灰等按比例调和而成的,这层灰比第一层调的捉缝灰要稀薄一些,加水量逐渐加大,油灰强度逐渐降低。拿皮子把压麻灰抹在麻层上面,反复抹压,使灰与麻布粘牢敷实。然后在上面满覆一道灰,过板,使得构件表面圆、平、直。灰层厚度约有2毫米。做过压麻灰的地方大面要平整,曲面要浑圆、直顺,切不可出现空鼓。[1]

4. 中灰

压麻灰之后地仗已经初具形状,后面的工作就是使灰层进一步细腻、平整。刮抹中灰之前要进行打磨,并将构件表面清扫干净,便于后

---

[1] 李浈:《中国传统建筑形制与工艺》,同济大学出版社,2010年。

面灰层的黏结。中灰是最后一道细灰的过渡层,这层灰可不必加厚,薄薄一层即可,其主要作用在于将压麻灰颗粒填平,便于与后面细灰进行衔接。

5. 细灰

这是地仗工艺的最后一道灰,相对细腻很多。对于前面粗灰和中灰无法做准确的转角、细部等,都可以用细灰处理好。在前面一道中灰之后,依然要用细砂轮石和砂纸进行打磨。此时的砂纸较前面所用的砂纸要细很多,最初的粗灰打磨用的辅助砂纸可能是80目、120目的,此时用到的砂纸则为240目、280目等。打磨之后用扫帚或毛刷清理干净,用湿润的布擦净浮灰。细灰的质量要求要严格许多,棱角、阳角线路等要尽量做到齐整直顺、干净利落。

细灰干透之后开始打磨,平面要磨平,圆面达到上下浑圆一致。修磨完构件后马上"钻"进生桐油,按漆匠的说法,生桐油必须浸透地仗,钻到地仗灰饱和,俗称"喝透"为止。停放四五个小时之后,擦净表面吃不进去的浮油。

古戏台的地仗工艺虽说没有官式建筑那么严格,但是整个工序和流程也是极为复杂和耗时的,要求漆匠有过硬的手艺和对材料及配比的精确掌握,若有一道工艺出现问题,就会影响下一道油活的质量。

二、油 饰 工 艺

地仗完成之后便是油饰或彩绘工艺,由于乐平古戏台中彩绘较少,本书仅重点讲述油饰的工艺。

在油饰以前需要在做好的地仗上做一道细泥子(也作腻子),即血料泥子,调好的血料泥子黄色偏红。泥子干透之后用砂纸磨平、磨光,棱线要干净整齐,不现接头,磨成以后扫净。此时表面手感极滑润,可进行刷油。刷油因部位不同,使用的工具也会有所不同,如用丝头搓或用刷子刷。下架木构件一般只要顺着木构件用刷来回刷,第一道油要控制好用量,过多的话会流坠,过薄又不托亮。之后涂刷第二道油,第二道油在刷之前要复找泥子,检查是否还有裂纹、砂眼等,可以用光油加石膏调成泥子进行修补,之后进行打磨、擦净,再涂刷第二道油。第二道油干后刷第三道油,上油前同样要对前一道油仔细打磨(也有的不打磨,把木构件擦干净直接上油),然后用刷子蘸油刷,尽量一遍成活。油饰以后的表面要颜色均匀一致,光亮饱满,颜色交接线处齐整,无接头(图5-25)。

图5-25　乐平渡头村戏台刷老漆

| 三、贴 金 工 艺 |

乐平早期(清以前)的戏台贴金的并不多,通常为清水作,仅有些戏台刷桐油做保护。民国及以后的戏台越来越趋向华丽,多敷金点染,使戏台显得辉煌灿烂、光彩照人。乐平戏台的贴金工艺与传统官式建筑有所不同:传统官式建筑在贴金之前要涂抹金胶油,以加强金箔与物面的黏结度,同时保证金箔的亮度;而乐平古戏台贴金时用的则是调好的暗红色的土漆作为黏结剂,用土漆和桐油调制好的黏结剂稠度要大,这样涂刷时才会不流坠。贴金之前用手试下刷上的漆面的黏性,要做到漆面发黏而又不粘手,金箔能很容易地粘上去,护金纸能很自然地飘离,这样的土漆贴金比较合适。实际上,调制这种粘金箔的土漆也是一门技术活。如果黏性太小,金箔就会粘贴不住或者粘不实;如果黏性太大,又会不便于贴金箔时的操作且影响金箔的亮度。作为贴金前的第一道工序,这是一项费时且细致的工作,贴金的质量与效果决定于此工序(图5-26至图5-28)。

图5-26 贴金箔(乐平渡头村戏台)
(图片来源:赵迪)

图5-27 将金箔按压于似干未干的漆面上
(图片来源:赵迪)

图5-28 用刷子将金箔扫匀(图片来源:赵迪)

关于贴金的具体工艺、手法及工具,各地区略有不同,但大体是一致的。乐平古戏台在贴金时首先确定表面黏结剂的干燥度,在其将干未干时把金箔撕成所需尺寸,用手微微展开一点并用手指轻轻按压于物面上,待护金纸飘离,再继续贴旁边位置。贴好一小块面积之后,立即用刷子在金箔上来回刷扫均匀,尤其是一些接头处需反复扫刷至接头不明显。贴金箔时,需注意操作要轻快细致,因金箔很薄,容易破碎损坏,必须细心操作。贴不同的图案时要由外部往内部贴,先贴大处后贴细部。

　　另外,乐平古戏台的建筑装饰中还有一项特殊的与贴金相呼应的装饰工艺,俗称"点螺"。中国传统建筑为木结构,室内空间的采光通常不太理想。乐平古戏台作为戏曲演出用的公共建筑,对光的要求比较高,因此乐平的匠师们在现代照明设备出现之前,已经在戏台的装饰手法上进行了摸索和实践。他们用螺片在屋顶下方梁架、门楣、匾额等处进行点缀,螺片反光性较强,既起到补光作用,又具有很好的装饰效果。具体做法为:把螺贝制成很薄的薄片,并根据装饰面积的大小按比例切成点、片等形状,然后一点一点镶嵌于基底。这些螺片具有类似镜子的效果,可以反射光线,站在戏台下方看似点点繁星,增添了戏台的华丽之感(图5-29)。后来制镜技术出现并普及,匠师开始采用小镜片代替螺片,反光效果更加明显。

图5-29　屋檐下镶嵌的螺片

　　戏台还有的位置以彩画的形式进行装饰(图5-30、图5-31),彩画

图5-30　斗拱上镶嵌螺片,墙上绘制彩画

图5-31　后屏壁、顶棚上均绘彩画

不但用于后屏壁、侧壁、顶棚,而且逐渐发展到外墙面。这些彩画与戏台楹联、匾额和谐相配,是地方戏俗文化的重要体现。

第三节
匾 联 工 艺

　　除雕刻和贴金等装饰手法之外,匾联是乐平古戏台的又一重要建筑装饰方式,它是中国的传统文化、艺术,也是中国传统建筑独有的特色。各种形式、字体的匾联不仅能起到极好的装饰作用,而且有画龙点睛之妙,使建筑意境深邃、引人联想。在戏台上悬挂匾联,既秉承了我国用匾联装饰建筑物这一传统的装饰方式,又借悬匾的机会为戏台命名,或借"台"状物或以"台"喻理;楹联则可借"戏"发挥、借古论今,进而为戏台赋予更为深刻的思想和文化内涵①。匾联集教化、启迪、咏物、装饰于一身,把文学和建筑艺术巧妙地结合起来,或雕刻或沥粉描金,制作精致且工艺考究。匾联同时还承载着中国传统的书法艺术,用字或刚劲有力,或如行云流水。从形式上看,匾联语言精练,对仗工整,平仄协调;从内容上看,匾联有雅有俗,亦庄亦谐,令人回味。从字体上看,篆、隶、行、草等均因境因地而用。据了解,现存于乐平近500座传统戏台上及百姓记忆里的戏台楹联有1 200多副。乐平古戏台的匾联艺术已经不能仅仅被视为简单的戏台建筑装饰,实际上更是乐平戏曲文化、建筑文化、民俗文化、地域文化的缩影。

---

① 吴开英:《中国古戏台匾联艺术》,当代中国出版社,2007年。

| 一、匾联装饰艺术由来已久 |

匾联主要包括匾额和楹联两部分(图5-32、图5-33)。匾额,又称扁额、牌额、牌匾。最早的匾额主要具有实用功能,是依附于建筑的一个名词,用于说明建筑的用途,起到标志性作用。经过逐步演变之后,其内涵有了很大程度的转变,发展到兼具标名、表彰、装饰等方面的功用。匾额讲求汉字的造型优美、立意明确,同时注重其本身的制作工艺、规格和装饰效果,是一种既实用又美观的建筑装饰,因此被大量制作并悬挂在建筑的门楣或其他醒目的位置上。匾额作为戏台装饰的一种简单的形式,蕴含着博大精深的中华文化,体现出不同时代的伦理道德观念、宗教信仰和民俗风尚。

图5-32 祠堂悬挂的匾额、楹联

楹联(图5-34)也称对子、对联、楹贴,是从我国诗歌(主要是唐代

图5-33 各式匾额(图片来源:《中国乐平古戏台大全》)

图5-34　戏台楹联

格律诗以及汉魏的骈体赋)中发展演变形成的文学形式。特点是上下两联字数相等,词性对应,平仄协调。所谓楹,古时指堂屋前的柱子,楹联即指悬挂、粘贴或镌刻在柱子上的对联。楹联的形成比匾额要晚得多。相传最早的对联由五代后蜀的国君孟昶题写,到宋代被推广应用在楹柱上并演变成楹联。至明清时期,楹联的制作和使用达到极盛。乐平现存的戏台楹联主要创作于清代,多蕴含人生哲理,集文学和戏曲艺术于一身,内容丰富、种类繁多。楹联又融优美的文辞、精湛的书法于一体,与戏台别致的造型、戏场的环境交相辉映,珠联璧合。

乐平古戏台匾联涉及古戏台建筑、戏曲、民俗、宗教等多方面内容,作为一种建筑装饰艺术,它从一个特定的角度折射出我国悠久的戏曲文化发展史。戏台匾联属于传统匾联文化中的特殊类型,其独特性体现在:①它与当地戏曲文化紧密相关,可谓借戏发挥、借戏喻理,意蕴深邃,通过这种形式实现娱乐、启智、教化的功效;②受众为当地民众,多用普通百姓看得懂的文辞写就,具有雅俗共赏之特点;③追溯本族历史,反映当地民俗风情。

｜ 二、古戏台匾联形式多样 ｜

戏台匾联形式多样,体现了我国传统建筑装饰的独特风格和审美理念。有台必有匾联,乐平遗存至今的古戏台以明清及民国时期的居多。所有戏台在落成时都悬有匾额和楹联,有的甚至悬挂多块匾。只是因年代久远或自然及人为的原因,有的戏台匾联已经毁坏或丢失

了。匾额有横匾(题字从右往左排列)和竖匾(题字从上往下排列)之
分,还有常规匾和异形匾的区别。异形匾的制作和使用与常规匾类
似,只是形状有异,如扇形匾。乐平古戏台的匾额以横匾为多,通常为
三字匾或四字匾。有的匾额会在主体字的两侧竖向撰写一排或两排
较小的字,作为戏台或匾额的补充说明。扇形匾一般悬挂在戏台两侧
上下场的门楣上方或附属空间的屏壁上。

楹联则都是竖式书写和悬挂,上下联的顺序也通常是右为上联,左
为下联。悬挂于楹柱上的楹联木板有两种形制:一种是平整的木板(图
5-35),另一种是根据楹柱的弧度,将镌刻联语的木板制成弧形,边框雕
饰,因弧度正好与楹柱相合,形成"抱"势,俗称"抱柱联"(图5-36)。

图5-35　浒崦名分堂檐柱上的匾联

匾联从设计到悬挂都是有讲究的,随着匾联数量的不断增多,
匾额与楹联的组合方式也多种多样,巧妙地使用匾联并进行恰当的
组合,使匾联成为戏台装饰的亮点。通过匾联显示戏台的风格、特
点是装饰戏台的重要一环,最终实现既美观典雅又令人赏心悦目的
效果。

图5-36　浒崦戏台上的抱柱联

　　匾额的形状及匾额与楹联的搭配组合方式、位置处理等都蕴含着中国传统建筑的审美情趣。乐平当地常见的有一匾一联式、一匾多联式、多匾多联式。一匾一联式，即匾额悬挂于台额或隔扇上方，楹联一副或挂或镌刻在由梁柱或隔扇立柱上。一匾多联式，匾额悬挂位置同一匾一联式，只是多了几副楹联，分别或挂或镌刻在由梁柱、金柱、中柱等但凡戏台正前方所能看到的立柱上。多匾多联式，即大小或形状不同的匾额分别悬挂于台额、隔扇、屏壁的中间位置，上下场出入口的门楣上方，戏台附属空间的板壁上等处。这种多匾多联式的组合方式极大地丰富了戏台内部空间，且与整座建筑非常协调，成为戏台的点睛之笔。

三、匾联制作工艺及材质

　　乐平古戏台的匾联多是根据前期戏台的整体情况，台柱的高度、宽度和数量专门设计制作的。在设计与制作匾联之前，一般先请当地的文化名人或者擅书法者撰写。因匾联不同于文章，它要求既有文学性又有艺术性,因此有学识的文化名人写出的匾联联语内容和书法俱佳,同时又能因其知名度提升戏台的影响力。如镇桥镇浒崦戏台上的匾联文字由清末乐平举人徐凤钧撰写,上联"浒崦拥春台,媲联程灏文章久看愈好",下联"鸣山峙面镜,欢照古公业绩焕发英姿"。

匾联有的被拓印或镌刻于梁、柱上,有的则是在木板上处理好文字之后再悬挂于梁、柱上,具体的工艺方法有多种:①木刻字,即在木基层上直接刻出,断面多呈半圆形凹落,凹落深度会因字的大小而有所不同。②灰刻字,是在地仗灰上刻出的字,由于受地仗灰层厚度的限制,字的断面深度有限,为取得立体效果,笔画的边缘略向内斜落下去,中间部分逐渐凸起。③灰堆字,即用地仗灰堆在匾平面上形成的字,断面凸起较大,同一匾上的字凸起差别不是很大。灰堆字立体感极强,字形饱满,为永久性质的字。直接镌刻在梁、柱上的匾联,文字部分涉及的工艺有镌刻、堆塑、髹漆、沥粉贴金等。要使书法不失真且保持名家手迹的神韵,需先将墨迹双钩到木板或楹柱上,并由刻工进行镌刻,然后将由胶和土粉混合成的膏状物装于尖端有孔的管子中,在镌刻出的区域堆出隆起的文字,接着在堆好的文字表面涂胶,而后髹漆或贴金箔,此时文字具有明显的立体感。因此,戏台匾联与传统建筑匾联在形式与制作工艺上是一脉相承的。

乐平戏台的匾联除有精妙的书法艺术外,匾联的边框、底面也是装饰的部位,只是有简繁的区别。乐平近500座传统戏台中,无论是匾额还是楹联,其四周边框装饰均较为简单,一般以光素或镌刻简单线条图案为主,有的甚至素无边框。匾联底面则常采用雕刻、沥粉贴金等工艺技法,以衬托题字,显得华贵、高雅、庄重,既突出了装饰效果,又在层次和色彩方面与文字形成鲜明的对比。比较典型的为乐平浒崦戏台晴台屏壁上方悬挂的"久看愈好"横匾(久看愈好,既寓意乐平的赣剧越看越好,也寓意乐平的古戏台越看越好),匾额边框为黑色,并用红色线条勾线搭配,字体强劲有力,凸出于底面。文字采用堆塑、髹漆的工艺做法,底面做沥粉贴金处理,精心雕刻的十八罗汉图为暗纹形式,若隐若现。文字与底纹在立体感上有明显差别,富有层次感。此匾额面积不大,在艺术处理方式上却充分运用了色彩对比、繁简对比等,简洁高雅,设计新奇。乐平戏台的匾额底纹,除了以人物作为素材之外,还有花鸟虫鱼。如乐平韩家村戏台匾额,底面同样做贴金箔处理,底纹则是阴刻的牡丹、梅、兰、竹、菊等花卉植物,以及体态和大小各异的鹤、喜鹊、鸳鸯、凤凰等鸟类。植物与鸟类穿插搭配,画面精美,构思布局巧妙,足见当时的匠人在匾额上所花的心思及其精湛的制作工艺。

就材质而言,乐平戏台的匾联一般为木质和纸质,少量采用灰浆和砖石材质。因乐平行政上隶属瓷都景德镇,故陶瓷材质的匾联成为乐平楹联文化的一大特色。目前可以查到的最早的陶瓷楹联实物为景德镇湖田遗址出土的国宝级文物"元青花釉里红堆塑楼阁式谷仓",该谷仓的顶部为舞亭(宋金元时期称戏台建筑为"舞亭""乐楼"等,明清时期称为"乐楼""戏楼"等),谷仓正中大门两侧楹柱上有七言对联一副,上联为"禾黍丰而仓廪实",下联为"子孙盛而福禄崇",横批为"南山宝象庄五谷之仓"。该匾联为直接用青花釉料在泥坯上书写,然后烧制而成。现存一些乐平传统戏台的楹联上,仍可见到烧制好之后直接固定在匾联木板上的陶瓷文字。

四、乐平戏台匾联内涵丰富

真正的建筑不仅是容纳人、物的空间,更是情感的载体。利用文学手段赋予并揭示其中观念含义的建筑,能让人在情感上产生时空的跨越。而书法作为实现建筑与人、文学与艺术互动交流的重要媒介,其本身具有的艺术功能,让建筑与文学的情感信息升华为更丰富的审美境界。①匾联如同一座建筑物的名片,对建筑物起到了补充说明的作用,同时又赋予建筑物以丰富的文化内涵。匾联内容丰富,体现了我国传统文化的价值观和理想追求(图5-37)。作为中国传统建筑类型之一的戏台,其上的匾联则有着非常明显的戏曲文化特性。乐平古戏台上的匾联内容丰富,全面地展现了乐平地区的民间信仰和精神追求。有的匾联意在传达教育思想、劝诫世人,如名口乡兰坑村戏台楹联"做个好人要抱定五常三纲莫轻放弃 行些善事休再受千锤百炼至落沉沦";有的是宣扬儒家思想文化,如乐港乡魁堡村戏台楹联"于三纲五常中造就一分真事业 向六经四书外别成千古大文章",乐港乡

图5-37 字体和内容各异的匾额和楹联(图片来源:《中国乐平古戏台大全》)

---

① 王子蚰:《悬挂的意义》,《书法》,2015年第1期。

龙会洲村戏台楹联"演惩恶锄奸看伸张天地正气　学修身养性企效法古今完人"，后港乡湖塘滨村戏台楹联"鉴古观今颂尧舜四维伦理　承前启后树孔孟八德家风"，流芳村戏台楹联"百变戏登台情节不外离合悲欢兴亡成败　万般人定论褒贬都归忠奸贤愚节义贪廉"。这些戏台楹联谈论的是台上台下、戏里戏外为人处世的儒家规范和理想追求，所用的语言也大多简练直白，对于识字不多、文化程度不高的乐平村民来说通俗易懂，可以起到很好的儒家思想宣传和教化作用。

有的匾联反映的是民间信仰，如城隍崇拜和关帝崇拜。乐平多地建有城隍庙和关帝庙，并且附建有戏台，有戏台自然也就有匾联。"肯唱戏是阴功许教菩萨吃饭　要上台充角色须看时景穿衣""妙曲通神唤醒痴顽开觉路　高贤遗爱警超愚昧出迷津"等为城隍庙戏台上悬挂的楹联，"尽孝尽忠看事迹果算稀奇忆当年百折不挠做出功勋归极乐　忧民忧国让男女无分轸域愿众生一齐觉悟扫清愚昧放光明"则为关帝庙戏台的楹联。这些楹联的字里行间流露出乐平民众对城隍和关帝的崇拜。此外，乐平还有娘娘庙戏台和观音阁戏台，如娘娘庙戏台上"佛言富贵贫贱原平等相　戏演悲欢离合作如是观"的楹联，观音阁戏台上"借百戏以正人心胜向铁围挥锡杖　阐三纲而敦教化应从血海放莲花"的楹联，都有着浓郁的宗教韵味，并且完美地将宗教精神和戏曲文化结合起来，融于乡民的生活中。

再有的就是反映民俗文化及生活情趣。如塔前乡瀛里戏台楹联"好戏连台久看愈好　乡邻集会长往更亲"，道出了乐平民间戏曲的功能之一。大量的戏台匾联都体现了乐平民间好戏、恋戏之民风，如双田乡耆德戏台楹联"观演三天人欲醉　客来万里国同春"，塔前乡新层场戏台楹联"用心看去皆忘我　着意听来果入神"，礼林乡鲍家戏台楹联"扶老携幼来遍地熙熙攘攘　从头至尾做全天烈烈轰轰"。另有一些年代久远的楹联已无实物可寻，却被记录于族谱中，其中较为经典的有"父老开心地　乡村体面场""戏正开场谈天说地　人刚谢幕论足评头""草戏台做三角班还他眼债　花银子争一时气了我心思"。细品这些戏台楹联,用直白写实的手法向后人描绘了一幅乡村中人头攒动争相看戏评戏的场景,展示了乐平先人痴迷于戏的状态,更反映出作为情感寄托的戏曲在人们心目中的分量。

第六章 古戏台传统营造技艺的传承与保护

第一节　戏台营造的文化习俗
第二节　古戏台传统营造技艺的价值
第三节　传统营造技艺的传承人与传承谱系
第四节　传统营造技艺的传承现状与保护对策

乐平古戏台无论是营造过程还是戏台落成后的开台唱戏等,都伴有极其多的文化习俗。戏台作为文化形态的载体之一,绝不仅仅是简单的木构件之间的相互结合,还是承载着人们思想、情感、信仰的建筑体。也正因如此,戏台建筑才有了经久不衰的魅力与活力。

然而,由于种种原因,一些身怀高超技艺的工匠技师得不到应有的待遇和尊重,因此现在古戏台建筑保护维修的专门人才显得极为匮乏,加之历来"心口相授"传承方式的局限性,使得"人在艺在,人消艺亡"的情况时有发生。再者,面对现代工具的出现,匠人们自然愿意使用操作起来轻松自如的机械类工具。这些电动工具的使用,使得某些传统手工技艺可能面临失传。另外,随着城市化进程的加剧,乐平古戏台传统营造技艺因面临现代建筑方式和建筑材料的巨大冲击而日益萎缩。因此,古戏台营造技艺的传承和保护迫在眉睫。

第一节
戏台营造的文化习俗

一、戏台营造的风水观念

风水学是中国广泛流传的一种民俗和传统文化现象,也是一种择吉避凶的术数。作为人们长期实践经验的积淀,风水对中国传统建筑文化与建筑艺术有着非常深远的影响。

广义的风水是指择居营建注重趋吉避凶,追求"天地人合一"和祖先福荫的理论。狭义的风水则是指晋代以后,以地理生气说指导择居或选墓的理论实践体系。清人范宜宾为《葬书》作注云:"无水则风到而气散,有水则气止而风无,故'风水'二字为地学之最,而其中以得水之地为上等,以藏风之地为次等。"潘谷西教授在《风水探源》一书的序言中指出:"风水的核心内容是人们对居住环境进行选择和处理的一种学问,其范围包含住宅、宫室、寺观、陵墓、村落、城市诸方面。"即风水择吉既注重人的居住环境,也注重逝去祖先所处的环境。因此,祠堂以及与其相连的戏台在营建的各项工序中均讲究风水,以期达到妥先灵、旺子孙的目的。

乐平古戏台从规划选址、备料到动土开工、上梁等,均与风水有着密切联系。风水先生要根据当地宗族的族谱及历史文化、地理环境来确定祠堂的建筑方位、建筑朝向、建筑布局等,同时还要选择开工动土、上梁、开戏等的吉日。

1. 建筑选址

中国传统建筑在兴建之前都有一个重要的步骤——建筑选址,也就是地基的选择。汉代刘熙在《释名》中说"宅,择也,择吉处而营之也",可见古人选址时是把住宅与自然环境综合在一起考虑的。人们希望通过对自然环境的选择,找到一个让自己或者祖先与自然气运最为贴近的场所,从而得到自然与神灵的庇佑。在乐平的村族中,始终认为祠堂的选址布局关系到宗族的荣辱兴衰,必须依据风水原则统一设计规划。因此营建前,村族长会找到当地有名的风水先生为祠堂(祠堂台是与祠堂相连、坐向相对的,因此祠堂的位置也就决定了戏台的位置)选址。建筑基址宜阳驱阴,即有生气聚集的地方。后人在实践过程中总结出了理想的风水格局环境:负阴抱阳和背山面水。故祠堂如能背山面水是最好的,即祠堂的后面有高山,称为"来龙山",左右两边也有山围绕环抱,山上还要有丰茂的植被。祠堂的前方有月牙形的池塘或者弯曲的水流,可聚集生气。例如,始建于乾隆丙寅年(1746年)的车溪敦本堂祠堂前有一半月形"聚星池"——月牙塘。月牙塘的设置就是出于对风水文化的追求,深得藏风聚气之妙。

2. 建筑方位的选择

建筑的朝向是营建时的关键,传统的建筑以坐北朝南为最佳的选择,风水先生将南北向称为子午向。民间也有这样的俗语:"大门朝南,子孙不寒;大门朝北,子孙受罪。"按照自然规律来看,南向建筑阳光照射充足,室内温暖,有利于人们的日常工作和生活;北边方向阴冷,湿气重,容易有寒气入侵。在乐平地区,风水先生在确定祠堂方位朝向的时候也遵循这一风水原理。大量的祠堂都是坐北朝南的,如浒峻名分堂、项家庄五桂堂、涌山王氏宗祠、双田龙珠村祠堂等。但是由于大自然的山水因地区而异,不是所有的自然环境都能按照风水择吉的要求固定排列,这时就需要在择吉祥地点的时候能够根据大自然的变化做出调整和补充。例如,车溪敦本堂因背面山体气势不足,不能作为宗祠的靠山,西面则气势磅礴且地势较高,故把祠堂方位定在坐东朝西,并在堂前设一半月形风水塘。

3. 建筑的规格尺度

古戏台属于中国传统的木构建筑,古人造物讲究吉祥,故历来注重鲁班尺的运用。鲁班尺又称为门光尺、风水尺,早期鲁班尺常用在建筑特殊部位如门窗等处以判定吉凶,并有着相应的尺法,后随着流传和演变,鲁班尺的应用逐渐扩展到建筑营造、家具制作等各方面,是用来判定吉凶、择吉取值的专用测量工具。鲁班尺被分为八等份,标以八个字,分别为财、病、离、义、官、劫、害、本。四吉四害均衡分布。"财、义、官、本"四字为吉,"病、离、劫、害"四字为凶。反面又有"贵人星、天灾星、天祸星、天财星、官禄星、孤寡星、天贼星、宰相星",其说法有所不同,但代表的吉凶与正面八个字是一致的。在营建屋宅时,工匠便以这些字义为标准进行择吉。对于位处南方地区的乐平,鲁班尺的使用传统保留尚好,当地的择吉传统有很深的文化基础。一般在戏台营建前的图纸设计阶段,设计者(掌墨师傅)便将各关键部件按鲁班尺的吉利尺寸予以确定,并在图纸中标注,以便在营造完成后使得房屋的各主要构件符合风水观中所追求的"吉"。

　　乐平地区的民居建筑或者戏台、祠堂等在营造时,大到戏台整体的空间尺度(图6-1),如高度、进深、面宽等,小到建筑的门窗、台阶、厅堂及祠堂内的供桌、椅凳等的尺寸都比较讲究,会参照鲁班尺来确定,求得与吉利有关的尺寸,趋吉避凶。例如,倘若村族中出过高官,则村中祠堂的地面由外至内呈步步登高之势,天井尺寸以"官"字为首选。

图6-1　按照风水原理确定好的戏台位置、尺寸示意图
（图片来源：乐平市古戏台文化发展商会）

当前在建的乐平市临港镇传统戏台,营建者是古戏台营造技艺市级传承人,对鲁班尺有较深的研究。在旧址复建戏台时,其更是主张严格按照鲁班尺上的尺度规则来确定各尺寸,如戏台长度和宽度首先定为"官",意为希望村族中的后代能官运亨通。

匠人们对戏台规格和尺度等进行吉凶尺寸的判定和选择,使族人在心理上获得稳定与踏实之感,为他们在现实生活中对遇到的任何事情都能找到一个形而上的解释。若想宗族和谐安宁,戏台营建时的尺寸便要遵循一定的尺法(图6-2、图6-3)。

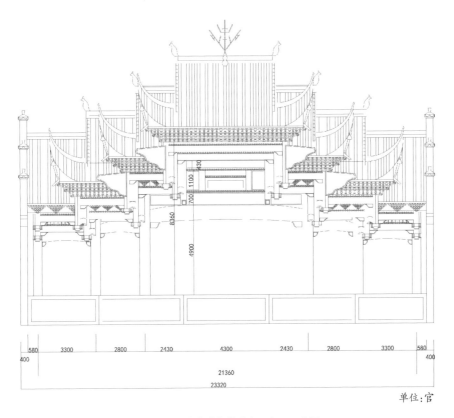

单位:官

图6-2　新建临港传统戏台正立面示意图
（图片来源:齐海林）

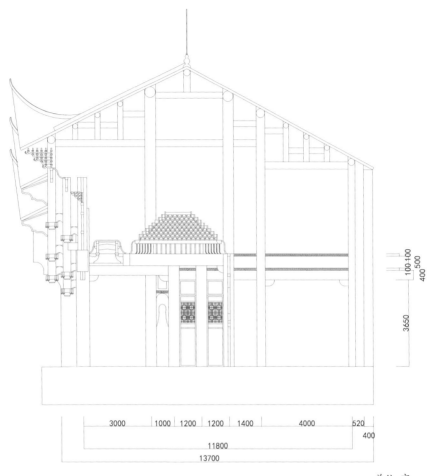

100 100
500
400

3650

3000 1000 1200 1200 1400 4000 520
400
11800
13700

单位:宫

图6-3 新建临港传统戏台侧剖面示意图(图片来源:齐海林)

4. 建筑装饰中的趋吉避凶观念

古戏台在乐平乡民的心目中具有至高无上的地位,他们在古戏台上寄托着自己对吉祥的企盼和对凶邪的驱避,这一点在戏台的建筑装饰中同样多有体现。戏台上的雕刻装饰手法多样,题材广泛,一直为人们所喜爱。雕刻装饰从功能上来讲,一是可以增加建筑的美感,突出其个性特征,给人带来审美的愉悦和情感上的慰藉,提高建筑的可识别性。二是装饰题材多为富有道德教化作用的戏曲故事、历史典故、神话传说等,这种潜移默化的教化更容易被人们接受。三是这些生动立体的雕刻用在戏台上,早已被人们赋予了风水的象征和内涵,满足了人们的求吉心理。木雕中的祥禽瑞兽、瑶花琼草,无一不昭示人们对祥瑞的渴求和对凶邪的驱避。

另从戏台屋顶装饰上来看,古戏台屋顶正脊中央多有一宝顶(图6-4),此宝顶似一座微缩的宝塔,寓意镇邪驱灾,表达了人们祈望风调雨顺、幸福安康的美好愿景。镇桥浒崦戏台的屋脊正中央有五彩葫芦宝顶,由一直指云天的方天画

图6-4 镇邪驱灾的宝顶

戟将红黄蓝数色风铃串在一起,象征把五湖四海的水引至这里,有着防火的寓意,也寄托着镇邪驱灾保平安的美好愿望。再如,镇桥坑口万年台,以及始建于清代乾隆年间的镇桥余家村万年台,屋顶正中均有五彩葫芦宝顶。屋脊上的各种神兽,其功用也不言自明。

| 二、戏台营造过程中的相关仪式 |

在远古时代,由于人们应对自然灾害的能力有限,且工具不够完善,在营造房屋这样的建筑活动中,难免会遇到一些意想不到的灾难。因此,人们为了趋吉避凶,便会把希望寄托在一些特定的仪式上,以期化解灾难。这些仪式伴随着建筑经历了一段漫长的发展过程,逐渐成了一种习俗,也成为中华民俗文化的重要组成部分,从此与建筑

的营造有着密不可分的联系。乐平古戏台营造过程中涉及很多仪式，它们同样是古戏台建筑文化和营造技艺的重要组成部分。

1.动工仪式

所谓动工，即在地基位置、戏台朝向等确定之后，风水先生与村族长、大木掌墨师傅、石匠、泥工师傅共同到现场，用锄头在建筑基址上锄下第一锄土的行为。为了确定动土的吉祥时间，一般会请风水先生推算良辰吉时，并举行祭拜仪式(图6-5、图6-6)。举行仪式时，风水先生手持香火，诵念祝语，语毕，掌墨师傅(现在多是戏台的承建者)在摆好的供桌前燃香祭拜，并燃放鞭炮。之后，泥工师傅按照风水先生的指导，面向戏台的坐向，举起锄头在宅基地的中央位置锄三下，然后再在基址的四周角处各锄三下，以此来确定建筑基址的范围。之后泥工师傅还要打下几根地桩，确定中轴线，并在四周撒石灰做记号框定建筑范围(图6-7、图6-8)。

图6-5　动工仪式
(图片来源:乐平市古戏台文化发展商会)

图6-6　动工前祭拜
(图片来源:乐平市古戏台文化发展商会)

图6-7　撒石灰做记号

图6-8　破土动工

如今生活在城市中的人们，多数已经没有属于自己的土地，对传统意义上的"动土"体会不深。但我们仍可以看到人们在装修新房之前，依然会按照动土的习俗选择一个吉利的日子，用锤子敲掉一点墙壁，以示"开工"。虽然仪式简化了很多，但仍属于文化传承过程中的正常变迁。

2.起工宴

在锯工师傅出发砍伐木料之前需要先择日。古人行事向来十分讲究，尤其强调天地人合一的理念。采伐建筑材料是取大自然之物，切不可犯了忌讳。《鲁班经》中对相关要求均有记载，不管是伐木的日子还是具体的时辰，都不能犯忌，甚至堆放木头的方位都有具体要求。可见，从最初的备料开始，匠人们就对风水中趋吉避凶之观念极为讲究与重视。

师傅上山采料前，还会按照当地习俗为砍料的锯工师傅践行。很早以前，师傅们上山采料并非短时间就可以完成，毕竟建一座完整的戏台所需木料甚多。因此，负责砍料的锯工师傅们一旦上山，就要花费半年或者大半年的时间，方可把木料伐完并运回。故在出行之前，风水先生都会选好出行的吉日，村里也会大摆践行酒为前去采料的师傅们践行，当天会焚香、燃放爆竹，祈求师傅们采料顺利、平安归来。上山后，锯工师傅在砍第一棵树时依然要燃香、燃放鞭炮，祈求接下来的采料过程顺顺利利（图6-9）。

图6-9 伐木前燃香,祈求顺利(图片来源:航程)

3. 上梁仪式

乐平向来有"上梁"之俗，又称大厦落成之喜。因人们生活在大自然中，经常遭受许多不可抗拒的灾害（如地震等），房屋的稳定性也就成了房屋使用者和工匠们一直所追求的。梁在建筑中承载着建筑物上部构架中的构件及屋面的重量，是连接柱的主要建筑构件，具有抗裂、抗震、稳定等构造性作用。因此，上梁自古以来受到人们的重视，为此形成了一系列的求吉仪式。乐平古戏台的营建过程中，在建筑上梁这天会举行隆重的上梁仪式，以祈求根基牢固、房舍平安长久，上梁仪式自然成了修建戏台的重要内容之一。

与其他建筑不同的是，古戏台建筑中有两个重要的梁：由梁和栋梁（也称大梁）。两者的重要性难分伯仲。由梁是整座戏台中体量最大的构件，对由梁要举行简单的请梁和接梁仪式：工人们用大红布绕梁中间捆绑一圈，并警示他人不能跨越，寓意吉祥如意，且燃放鞭炮。

栋梁是正梁，是屋神，是整栋建筑的"主人"。在上梁仪式中，上栋梁的仪式会更隆重。木构件制作完成后，立屋架的几天里，掌事者会安排匠人去附近山上砍伐栋梁。因为栋梁的重要性和"屋神"一说，故栋梁不能沾染污秽。砍伐栋梁要选吉日且通常在晚上进行，俗称"偷梁"。师傅们带着香火和红布，砍伐之前燃香诉说一些吉祥语，梁砍倒之后系上红布抬回来，人不可从梁上跨越。加工制作好梁两端的榫头之后，用马凳架好待用（图6-10）。

乐平地区上梁时的做法有着自己的特色。上梁这天，村里会大摆酒席，出嫁的女儿也和女婿

图6-10　架好的栋梁

回家吃酒道贺,宗族比较大的可以摆上两三百桌,可见乐平村众对上梁的重视程度。

上梁之前,匠人们会在立柱上贴好用大红纸书写好的对联,如"立柱喜逢黄道日,上梁正遇紫微星"(图6-11),意为吉日良辰,紫微星驾临此圣地,所有凶神恶煞都会避开,从而满足了人们求吉的心理。吉时到来之前,人们将梁抬到现场,其根部朝东,原因如下:其一,因东方在五行中属木,象征着春天,有着生命、生长之意。其二,古时太阳是人们的崇拜对象,因此最早尊卑方位的确定,也是由日出日落而产生的。随着古代人对天文知识的了解日益增多,结合神话与想象,创造了天上二十八星宿与地上四象相互呼应,确定日出之东向为万物主位,因此以东向为尊为大。众

图6-11　将用大红纸书写好的对联贴于立柱上

人将主梁抬到预定好的位置,将其树梢朝西在马凳上架好。梁上要披红,上梁时要喝彩,还要按照规矩抛撒果品。在东方设好供桌,其上摆放:香,蜡烛,用托盘盛放的点了公鸡血的生鸡蛋、枣子、花生、糖果等。主梁到达现场后首先是祭梁(图6-12)。具体做法为:由祭梁

图6-12　祭梁
（图片来源:乐平市古戏台文化发展商会）

师傅双手抓稳公鸡(选择的公鸡必须有着又红又大的鸡冠),将公鸡用斧头割破一点皮,挤出鸡血分别点在梁的东西两端,同时在自己额头点一个红点以辟邪。祭梁之后再由师傅将铁制的葫芦样式的栋梁箍钉于梁正中间,一边钉一边喊喝彩词(图6-13、图6-14),大意是希望

图6-13　钉在主梁中央的宝葫芦形铁箍

图6-14　边捶打铁箍边唱喝彩词

图6-15　拜梁
（图片来源：乐平市古戏台文化发展商会）

图6-16　上梁

宗族、戏台及演出之人能得到庇佑。之后将绳子捆绑于梁上，喝彩匠人铿锵有力地喊着喝彩词。前来观看的众人在旁边接口彩，高声呼应着，以求吉利。如匠人喊："天地开张，吉时祭梁！贤人选在年月底，造一栋万年华堂。"众人接："好（当地音 háo）啊！"匠人再喊："栋梁、栋梁，听我言张，生在何处、长在何方。"众人再接："好（háo）啊！"如此一直到喝彩完毕。之后用大红布缠绕梁身（或者分段系在梁身），一边缠布一边喝彩："左缠梁来右缠梁，主家永远多吉祥。今日上梁吉日起，富贵双全万年长！"待吉时到，伴着轰鸣的鞭炮声，宗族的主事者们磕头拜梁（图6-15），随后裹满红布的栋梁被架到戏台顶端（图6-16），其间匠人会高喊另一段喝彩词，众人依然大声呼应。

栋梁架稳后，接下来的仪式便是抛梁。掌墨师傅和徒弟们坐在屋架上，向梁下期待已久的众人抛梁粑、糖果、花生、硬币等。据说能够接到梁粑会带来福气；糖果意指甘之如饴、生活美满；花生有大丰

185

收的意思,也指世代子孙兴旺发达;钱币则寓意家族成员财源滚滚。掌墨师傅边抛梁粑边念:"左手赐你一锭金,儿子儿孙永长生;右手赐你一锭银,儿子儿孙永接存。自此今日抛梁后,子孙后代万年长!"也有的师傅不念,直接在梁下众人此起彼伏的呼声中高举梁粑抛下(图6-17)。此时在底下等候多时的人们蜂拥而上,欢笑声、吼叫声、小孩的争执声混杂在一起,场面十分热闹。现在这种上梁仪式在乐平依然广泛存在,已经成为乐平建筑文化中非常重要的方面,是戏台营造的重要内容之一。

图6-17 抛梁粑、糖果等

4.戏台落成开戏

(1)破台戏

新戏台整体落成以后要择吉日"开戏",当地俗称唱"破台戏",也称"开台戏",开台演出之后戏台才可以正式启用。开戏这天首先要举行一定的仪式,通常在晚上进行,以祛除邪气,求得神灵的庇佑。第二天戏班子在新戏台做戏至少3天,多的甚至有7天,做戏时间长短多依村族里的经济实力而定。

在乐平当地有两种破台戏:大破台和小破台。大破台程序较小破台程序复杂一些。破台戏具体做法为:

开演前先由演员在台下画符点香,求神祈福,之后开始装扮等待入场(图6-18)。

台中央立梨园祖先老郎神塑像,前遮幔帐,两边挂刀、剑及弓箭。由小花脸扮鲁班,焚香三根插于老郎神像前的香炉中,而后卷纸燃烟,将戏台四门熏遍。

"鲁班"手持鲁班尺象征性地测量戏台,每测五次,就用斧头自上而下空劈三斧,意为驱鬼(图6-19)。继而用一只事先准备好的红毛大公鸡,将鸡冠割破,用鸡冠血涂抹自己的额头中心,以避邪保平安。又继续一手抓住公鸡,一手捏住鸡冠,迅速绕戏台走一圈,边走边让鸡冠血滴下,寓意驱掉妖邪及戏台上的煞气。

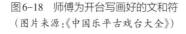

图6-18 师傅为开台写画好的文和符
(图片来源:《中国乐平古戏台大全》)

图6-19 斧劈驱邪
(图片来源:《中国乐平古戏台大全》)

而后令艺人扮王灵官(大花)、韦陀(小生)登台。台前八字排列两排,奏过唢呐,观音缓缓出台、坐台,且口中念念有词。

少顷便有由老旦、正旦扮的红、黑二煞窜出,韦陀随后追赶,红、黑二煞被逐下戏台。台下观众看到二煞下台时要立刻退避,且不能与其正面相视,以免被其碰到或者看到而染上晦气,影响一年甚至几年的运气。也有的戏班子做法略有不同,在这一环节会提前安排好村里

20名左右的青壮年在戏台下方等待,待
二煞下台时会蜂拥至其身边疯狂驱赶,
直到赶至村外的河边才算结束,这一过
程称为"赶煞",即赶走邪气(图6-20)。

戏台上"鲁班"开始杀鸡,将鸡血洒
在黄色的老纸上,再将鸡头掖于翅膀下
放置在台上,并取一小段鞭炮在公鸡侧
边燃放。最后艺人们庄严虔诚地拜过老
郎神,方能各自化装进行演出。

图6-20 "赶煞"
(图片来源:临港镇新店村村民)

不同村庄破台戏演法不尽相同,但均有请演员扮鲁班、神仙,以公
鸡血祭台、以斧劈魔鬼驱赶妖邪这些环节。通常一场破台戏演下来,
村族需要花费十几万元甚至更多。对于这样一笔大支出,村族里不会有
任何不满,反而乐此不疲,足见乐平民众对戏台的重视和对戏曲的迷恋。

从以上烦琐而复杂的破台环节可以看出,戏台落成后正式开台演
出前所涉及的民间习俗是极其多的。这么多在外人看来甚至有些繁缛
的仪式,戏台下的看众及举办仪式的众人却乐此不疲。破台戏体现了
百姓驱邪避灾、镇妖除煞、祈求安宁的基本愿望。正本戏演出之前,破
台戏通常加演《九老天官》(图6-21)、《大封相》、《三跳》三个折子戏,寄

图6-21 正本戏演出前必须加演的《九老天官》
(图片来源:《中国乐平古戏台大全》)

图6-22 在戏台前摆流水桌
（图片来源：《中国乐平古戏台大全》）

寓了百姓的美好愿望和祈盼。乐平的"破台"习俗是民间信仰之一，在戏中佛道两教的诸路神灵齐上阵，是宗教化的戏风戏俗的典型代表。

（2）油台戏

戏台建好之后一般要等上一两年，待木料完全干燥再做油漆、贴金。做好油漆、贴金工序后，一座完整的戏台算是落成了。漆好后演的第一台戏称为"油台戏"。这天，村子里的热闹程度堪比春节，饭菜摆了几百桌。如果戏台前的场地足够大，酒席就会直接设在戏台前（图6-22），也有的摆在宗祠里或者村委大院中。这种酒席在当地称为"流水桌"，即先到先吃（但前提是必须坐满一桌后，大家方可动筷，体现了乐平人彼此之间的尊重、礼貌），席间欢笑声、划拳声此起彼伏。家中出嫁的女儿或者远在外地工作的亲人，这天也会回到村子里吃酒看戏，各家各户也早已备好酒菜迎接自家的客人。此时如果在村中行走，会发现到处炊烟缭绕，灶火通红，好一番热闹景象。同时，村中还会派有声望的人到同姓村或友好村接其村里人来看戏，即谓"接华宗"。这些皆源自乐平人热情、重友、好客的性格特点。

三、独特的戏风戏俗文化

乐平素有"戏窝子"之称，历史流传下来的民谣是最有说服力的佐证："深夜三更半，村村有戏看。鸡叫天明亮，还有锣鼓响。""三天不看戏,肚子就胀气。十天不看戏,见谁都有气。一月不看戏,做事没力气。"乐平千余年戏剧情节的积淀,凝结成了鲜明而独特的戏俗风情。也正是这样独特的民俗风情和文化底蕴,才滋养了一方"民间戏曲之乡",成就了一座"古戏台博物馆",构成了"中国古戏台之乡"。

乐平不同村镇做戏风俗虽各有不同,但为了喜庆、祈福、驱灾、平安而演戏是各个村族做戏的共同目的。上演的剧目通常要求与喜事相吻合,结婚演《龙凤配》《翠花缘》,贺寿演《满堂福》《麻姑上寿》,生儿育女演《花园得子》。即使是老人过世办丧事也要演戏,叫白喜事,演《哭皇陵》。可见乐平做戏名目众多。

1.戏前准备

乐平农村演戏非常注重仪式和程序,首先会郑重其事地请戏班子,待戏班子请好之后便会在村子里张贴戏讯(图6-23),告知村民演戏的时间和内容,之后打锣穿街走巷通知村民看戏。在演出前一天,村族长带领村子里有威望的长辈举行庄重的敬神祭祖仪式(图6-24),之后才可开启戏台封板,从宗祠中请出祖先神像游村,体现了乐平村民对祖先的尊崇、敬畏。

图6-23　张贴戏讯　　　　　　　图6-24　敬神祭祖仪式
（图片来源:《中国乐平古戏台大全》）　（图片来源:《中国乐平古戏台大全》）

2.戏前迎亲接客

乐平村里的百姓在演戏前除
了会邀请邻村好友前来看戏外，还
会在头两天用独轮车接来外地的
长辈，通常是嫁出去的已经年过六
旬的老妇人。被接的女客感觉特
别荣耀，梳洗干净并换上新衣新

图6-25 木轮手推车接年龄大的女客看戏
（图片来源:《中国乐平古戏台大全》）

鞋，坐在咿咿呀呀的独轮车上笑呵呵地回娘家观戏(图6-25)。对于贵
宾或者村中的长者和功臣，则会安排在口席台(贵宾席)上看戏，这一
民间习俗集中体现了乐平村民对长辈、功臣的尊崇。

3.开谱、游谱

乐平是一个宗法文化氛围浓厚的江南古县，"在乐平无论是大村
落还是小村落，大多是聚族而居，各占一方。"①因此，乐平人对宗族血
缘极为看重，这种看重的外化形式即为对谱牒、宗祠的崇敬以及对戏
事、戏台的热衷。乐平各大小村落每到一定的时间就会续修族谱，修
族谱乃村族中的大事，待宗谱修成之后，即行"开谱大典"。开谱大典
通常在开谱之前就请人择好吉日良辰，定好演戏的戏班子，并向各同
姓同宗或联姻较多的村子以及外出发展且地位显赫的人物发请帖，邀
请他们来参加开谱大典。

开谱的仪式是经过前期精心设计的，且整个流程安排得细致周
密。开谱仪式上除了主持人和本村在各方面卓有成就的头面人物外，
还有几个人是必不可少的:一个辈分最大的，一个辈分最小的，还有一
个福气最好的(父母双全，夫妻到头，儿女双全)。这几个人实际上代

---

① 徐进:《乐平古戏台文化研究》,《文艺生活》2015年1月,121—122页。

表了整个宗谱的头尾和人们心目中最完美的人生。[①]

开谱仪式结束之后,即要举行隆重的游谱仪式(图6-26)。焚香点烛供奉完祖先之后,村族长及村中有威望的人走在前面,锣鼓唢呐齐鸣,声势浩大。喇叭声开道前行,年轻的后生则抬着神像与祖先的牌位紧随其后,一箱一箱顶端压着红布的成册谱系,由后生按年代顺序抬着一一展示。大队人马浩浩荡荡,沿着村坊四周穿街走巷游行。族中有代表性的后代或贺谱付钱多的出嫁女及其儿子或丈夫披红挂彩骑在马上紧随其后,同族姻亲还要放爆竹迎接并送上红包以示荣耀、喜庆。[②]后面便是由剧团演员扮演的八仙、王母等角色,最后是彩旗队伍。整个队伍沿着事先设计好的路线,每家每户的门前都要经过。因此,游谱时间往往因村子的大小而不同,村子大的甚至要到天黑才结束。游谱队伍中的剧团演员为下午和晚上的戏,一般在中午就会提前撤出,回到戏台的后台处针对自己的角色精心装扮(图6-27),午饭之后戏班子开始做谱戏。

图6-26　隆重的开谱、游谱仪式
(图片来源:《中国乐平古戏台大全》)

---

① 蒋良善:《开谱大典与演戏习俗杂谈》,《影剧新作》2016年12月,152—153页。
② 齐海林:《乐平古戏台大全》,江西人民出版社,2018年。

图6-27　戏曲演员们后台化装准备演出（图片来源：航程）

宗谱的修撰实际上是对一个宗族繁衍史的记载，开谱、游谱的仪式表达了宗族后辈对先人的敬畏之情。

第二节
古戏台传统营造技艺的价值

乐平古戏台设计严谨，布局合理，木构架全系榫卯衔接，不用一钉一铆。一座古戏台需要的柱、梁、枋、斗拱、藻井等有上千个榫眼，匠师仅凭心中的设计方案以及手中的墨斗、刨子、锯等工具，便能使各木构件衔接紧密、环环相扣，使一座座宏大精美的古戏台巍然屹立在乐平的青山绿水间。著名建筑学家梁思成先生曾说："建筑是一切造型创造中最庞大、最复杂也最耐久的一类，所以它代表的民族思想和艺术更显著、更多面，也更重要。"古戏台融建筑、美术、工艺、雕刻、文学于一体,是工匠们精湛技艺和非凡创造力的荟萃,蕴含了独特的审美意象和文化内涵。乐平传统戏台是乐平戏曲繁荣的写照,是当地百姓的精神家园,也是延续宗族血脉关系的文化空间。

乐平古戏台及其营造技艺的发展具有不同时代的印记,乐平博物馆资料显示,乐平先民大多自唐末宋初时期迁入,而后在此地聚族而居,已有几百上千年。乐平古戏台及其营造技艺在不同的历史时期呈现出不同的特点,有价值的得以留存甚至创新,戏台类型也随时代的发展而有所变化。乐平古戏台传统营造技艺是乐平建筑文化的体现,也是当地自然环境、生活习惯、宗教信仰等的综合反映,研究古戏台传统营造技艺是研究各历史时期乐平建筑、文化、戏曲、民俗的重要依据。

2014年,乐平古戏台营造技艺被列入第四批国家级非物质文化遗产代表性项目(图6-28)。千百年流传下来的手工技艺,是祖祖辈辈无数人智慧的结晶,承载着他们对生活的执着和热情,也是一个个时代的文明记忆。古戏台营造技艺融合了带有乐平地方特色的文化和艺术成分,具有很高的历史和学术研究价值,是“活态”的文化遗产。通过古戏台实体可以探究营造的技艺,反之又可以通过流传下来的技艺来研究古戏台建筑物本身。因此,加强传统建筑营造技艺的保护与传承,将为古建筑的修缮和营建提供翔实的资料和坚实的基础,可以从真正意义上留存住这份珍贵的非物质文化遗产。

图6-28　国家级非物质文化遗产代表性项目牌匾

第三节
传统营造技艺的传承人与传承谱系

｜ 一、代表性传承人(至2018年) ｜

传承人是营造技艺的载体。近些年,随着我国对非物质文化遗产的重视和非遗保护工作的开展,工匠的地位有所提高,传承人的保护也逐渐被重视起来。乐平地区已有一部分工匠相继被列为非物质文化遗产代表性传承人。其中,胡发忠于2016年被评为国家级非物质文化遗产代表性项目乐平古戏台营造技艺省级代表性传承人,齐海林(图纸设计,大木工、小木工)、徐洪源(雕工)、张文仕(大木工、小木工)等人被评为县级非遗代表性传承人。

1.胡发忠

第一批省级非物质文化遗产代表性传承人(图6-29),主要负责古戏台总体策划和图纸设计。胡发忠出身于手工艺世家,17岁时便跟随师公胡昌柏、父亲胡长明学习古戏台、古建筑的营造技艺,主要学习大木工、小木工,1987年开始兼学古戏台木雕技艺。由于不断受到古戏台营造艺术的影响和熏陶,1988年胡发忠拜乐平市著名的古戏台营造大师谢火发师傅为师。据其自述,他拜师的目的非常明确,即追求更

图6-29　古戏台营造技艺省级非遗代表性传承人胡发忠(右一)

精、更专的古戏台营造技艺。学徒期间,他主要负责做榫头、木构件安装等精细工作。由于性格坚毅、吃苦耐劳、聪明好学,他深得谢火发师傅的喜爱,师父将主墨技艺(古戏台设计、技术指导和规划施工)倾心相授。经过几十年的历练,胡发忠较全面地掌握了古戏台制图、打坯、雕刻等技艺。近年来,随着社会的不断发展,古建修复仿造市场逐渐兴起并进入新的发展期,原本濒临失传的传统营造技艺开始得到重视。在此背景下,胡发忠于2005年带领有识之士成立了乐平市第一家以古戏台营造为主,以徽派古民居、祠堂、台楼阁、古典徽派园林营建为辅的乐平市中乐徽派古建筑修复有限公司(简称"中乐古建公司")。胡发忠带领团队修复了车溪敦本堂古戏台部分构件(图6-30),

图6-30　进行过局部修复的车溪敦本堂(原木色的凤尾为新件)

还对国内许多省市损毁严重的传统古戏台进行了原貌修复。

　　乐平古戏台营造技艺主要通过师徒间的口耳相授，并有着传男不传女、传内不传外的宗派传统，这导致有些技艺面临失传的危险。胡发忠摒弃陈腐观念，以将古戏台传统营造技艺传播和传承为使命，在开拓市场的同时，不忘培养传承人，截至2018年，公司共培养出年轻的技术木工300余人、雕刻工200多人，使这一技艺后继有人。胡发忠还积极地参与乐平当地文化部门开展的"赣剧进课堂"活动，走进校园，向学生们广泛传播古戏台的历史和营造技艺。他是一位有着浓厚非物质文化遗产情结和历史使命感的代表性传承人。

2. 齐海林

　　乐平古戏台营造技艺县级传承人。祖孙三代从事木工工作，祖父齐光辉(已故)、父亲齐昌财(已故)(图6-31)都是当地有名的木匠，在乐平修建了数十座造型精美、融艺术与文化于一体的传统戏台。因为出生在木工世家，齐海林(图6-32)从小受爷爷和父亲两辈人的影响，对木雕技术极为感兴趣，耳濡目染，积累了不少经验。1994年8月，齐海林初中还未毕业便跟随父亲学艺，参与修复乐平著名的王氏古民居

图6-31　齐昌财(已故)
（图片来源：齐海林）

图6-32　齐海林(中间)
（图片来源：齐海林）

"清河源"工程。该工程规模宏大,工艺复杂,前后历经六年才得以完成。正是因为这一工程的参与,使得齐海林木工技艺更加精深,也使他对古建筑营造技艺有了新的独特认识。

2013年,齐海林注册成立江西乐徽古建筑有限公司(简称"乐徽古建公司",现更名为江西有巢氏古建文化有限公司),专业从事古建筑修复、仿古建筑建造。齐海林先后参与修复或建造了浙江省义乌市佛堂古镇明清建筑群景区、安徽池州市秀山门博物馆古戏台、江西婺源县清华镇濮园古戏台祠堂建筑群景区、福建省三明市泰宁县明清园等。

3.其他传承人

张文仕,木工,礼林镇塔前村人,78岁,私塾2年。16岁师从李天赐。1976年为礼林镇前鲍戏台主墨,其后担任了众多传统戏台的主墨,带徒20多人。

徐洪源,雕工,双田镇横路村人,62岁,初中文化。16岁起随父学艺。先后承担了本镇众多传统戏台的雕刻工程,带徒近百人。

陈乐平,木工,红岩镇槎源村人,52岁,小学文化。20岁师从项发根,2002年加入红岩镇槎源村园兴古建公司。

梁新武,雕工,乐港镇石背村人,县级传承人,32岁,初中文化。16岁跟随父亲梁龙水学习雕刻,后与弟弟梁新勇成立伯益古建筑开发有限公司。主要作品有后港镇塘家畈村古戏台、镇桥镇石墨村古戏台、杨子安戏台。

邹记新,油漆工、画工,镇桥镇墩上村人,54岁,高中文化。15岁开始学艺,以戏台、祠堂画为主。

齐火夾(nì),泥瓦工,临港染屋村人,68岁,小学文化。13岁随父学艺,曾参与众埠、涌山等地的戏台、祠堂建造。

二、传承谱系(截至2018年)

1. 策划、设计、大木工(表6-1)

表6-1　策划、设计、大木工传承谱系

代别	姓名	性别	年龄	传承方式	单位
第一代	马德满	男	已故	师承	
第二代	张冬生	男	已故	师承	
第三代	齐光辉	男	已故	家族传承	
第四代	齐昌财	男	已故	家族传承	江西有巢氏古建文化有限公司
第五代	齐海林	男	40岁	家族传承	江西有巢氏古建文化有限公司

2. 策划、设计、小木工(表6-2)

表6-2　策划、设计、小木工传承谱系

代别	姓名	性别	年龄	传承方式	单位
第一代	徐件信	男	已故	师承	红岩镇槎源村园兴古建公司
第二代	项发根	男	61岁	师承	红岩镇槎源村园兴古建公司
第三代	陈乐平	男	52岁	师承	红岩镇槎源村园兴古建公司
第四代	项财良	男	47岁	师承	红岩镇槎源村园兴古建公司

3. 雕工(表6-3)

表6-3　雕工传承谱系

代别	姓名	性别	年龄	传承方式	单位
第一代	徐新达	男	已故	家族传承	双田镇横路村华龙公司
第二代	徐文明	男	已故	家族传承	双田镇横路村华龙公司
第三代	徐洪源	男	62岁	家族传承	双田镇横路村华龙公司
第四代	徐林华	男	41岁	家族传承	双田镇横路村华龙公司

4. 泥瓦匠、石匠（表6-4）

表6-4　泥瓦匠、石匠传承谱系

代别	姓名	性别	年龄	传承方式	单位
第一代	齐见财	男	已故	家族传承	江西有巢氏古建文化有限公司
第二代	齐光良	男	已故	家族传承	江西有巢氏古建文化有限公司
第三代	齐火夵(nì)	男	68岁	家族传承	江西有巢氏古建文化有限公司
第四代	齐长发	男	50岁	家族传承	江西有巢氏古建文化有限公司
第五代	齐小林	男	28岁	家族传承	江西有巢氏古建文化有限公司

5. 油漆工、画工（表6-5）

表6-5　油漆工、画工传承谱系

代别	姓名	性别	年龄	传承方式	单位
第一代	柴祖兵	男	已故	师承	镇桥镇墩上村
第二代	鲍家峰	男	75岁	师承	镇桥镇墩上村
第三代	洪三毛	男	62岁	师承	镇桥镇墩上村
第四代	邹记新	男	54岁	师承	镇桥镇墩上村

第四节
传统营造技艺的传承现状与保护对策

　　乐平市是知名的古戏台之乡，400多座遍布城乡的古戏台，成为乐平的一道独特风景。然而，很多明清时期的古戏台，在历经数百年的风雨后，已破旧不堪，亟须进行抢救性保护。保护这些古戏台，不单单是保护静态的建筑本身,对于损坏的构件还需要有专业的匠人去修复,但目前懂得系统性建设和修复古戏台的木匠大多年事已高,古戏台营造技艺后继乏人的情况成为乐平古戏台保护面临的一道难题。

一、古戏台营造技艺的传承现状

1. 理论和记录的缺乏

自古以来,中国的建筑工匠地位较低,学徒学艺十分艰苦。乐平古戏台营造技艺是以师徒之间"言传身教""口耳相授"的方式世代相传的。调查显示,现今一些经验丰富、技艺精湛的老匠师大多是文盲或者半文盲,个别40岁上下的也多是小学或初中文化,虽实际操作能力很强,但理论知识不足。因此,对于营造技艺方面的知识缺乏系统的梳理,鲜有理论总结和翔实的文字记录。

2. 传统传承方式的局限

营造技艺具有"操作性极强"的特点,传统的"师传徒继"固然是一种很好的传承方式,但同时又存在极大的局限性。在传承过程中,部分师傅依然有"教会徒弟,饿死师傅"的传统观念,认为自己所掌握的技艺不可毫无保留地传给徒弟。个别工匠收徒条件严苛,甚至还会恪守"传内不传外"的宗派传统,而"传男不传女"也成为师徒传承和家族传承的阻碍,导致有些技艺面临失传。另外,乐平古戏台在营造过程中,匠人所要面对的问题十分庞杂,没有绝对正确的答案,也没有固定的图纸。在木构件加工、制作、雕饰、油漆等具体操作工艺上,还有很多属于"手艺""技巧"的东西。匠人要做到心与手的合一,心与材料、加工对象的合一,既涉及匠人对构造原理的掌握程度,也涉及其审美品位。要想达到技艺精湛,需要不断地练习和实践,是只能"心传"的本领,这些本领也就是所谓的"核心技艺"。然而这些核心技艺多掌握在一些传承人或有丰富实践经验的老匠人手中,学徒必须经过长期实践并从经验中总结获得。因此,如果仅仅依靠这一种方式,传统古戏台建造技艺将很难得到稳定而长久的传承。

3. 社会现代化带来的冲击

随着社会发展和价值观念等方面的变化,很多年轻人对这项技艺的热衷程度逐渐减弱,甚至不愿意去接触这方面的知识和信息。到目前为止,能够安心学习这门技艺的人越来越少,传统的传承机制面临困境。同时新的建筑材料、建筑工具的出现,使传统的建筑方式发生改变。例如,钢筋、砖、水泥等建筑材料以及现代建筑工具,正逐步取代传统木结构构造的做法。这些都是导致古戏台传统营造技艺濒临消亡的因素,古戏台营造技艺面临中断或失传的危险。

4. 学习掌墨难度大

一直以来,乐平地区的戏台营造行业采用的都是三年学徒制。早先学徒期间往往没有工资收入,个别上手快、技艺好的徒弟,即使跟随师傅接到合适的活,待遇也是极为低下的,需三年出师后视工艺水平来确定工资待遇。现在随着当地对古戏台营造技艺的逐渐重视,学徒也有工资了,且待遇有所提升,但即使这样,学习掌墨的年轻人也依然不多。据了解,根本原因是在整个戏台营造涉及的工种里,难度最大、要求最高、较为辛苦的当属大木作师傅。掌墨师傅往往就是从大木作师傅当中产生的,他需要具有总体设计、总体把控和协调的能力,同时还需要对营造程序中涉及的各木构件尺寸非常清楚,因为一旦某一处出错将影响到全局。因此,掌墨师傅需要掌握的技艺最多,要求也最高,难度最大。正是以上几方面原因,导致很多年轻人不愿学习大木作。更多的人选择学习要求相对比较低,掌握起来更快,操作也更简单的雕刻技艺。如此看来,如果不及时采取有力的措施,古戏台营造的总设计师将不断减少,甚至可能后继无人。

现年72岁的老木匠谢火发是乐平传统戏台设计和建造的代表人物。谢火发17岁就跟随师傅学木工,28岁开始做戏台。在50多年的木工生涯里,谢火发修复、重建了30多座大大小小的传统戏台。据谢师傅介绍,建造、修复古戏台非常复杂,因为从设计绘图、刨木料、制作构件、拼装到雕刻均为手工制作。有的戏台分阴阳双面,有天井、走廊、祠堂,涉及的环节极其多。另外,飞檐翘角要做到理想的效果,也是有一定难度的。虽然现在有很多的年轻人愿意学习建造古戏台,但是基本上都只愿意学习雕刻技术。在谢火发师傅工作的工厂里,大部分年轻人都在做雕刻,而大木作师傅都是年岁比较大的。

谢火发甚至担心地说,现在乐平只剩下屈指可数的几位老年木匠能系统地建造、修复古戏台,今后系统地修缮保护古戏台的任务,究竟由谁来完成? 状况将越来越令人担忧。面对这样的古戏台营造技艺传承现状,谢火发师傅只好做通自己儿子的思想工作,最终将儿子带成了徒弟。目前,谢火发的儿子已出师且能独当一面,独立设计出工序较为复杂的传统戏台。谢火发师傅现在非常希望有更多的年轻人来学习这门手艺。他说:如果有年轻人来学习,我都是热烈欢迎的。可见很多年龄大的匠人师傅也开始逐渐意识到古戏台营造技艺传承的重要性。

二、现代传承模式的出现

1.专业化的古建筑公司

近些年来,为了让古戏台营造技艺这一非物质文化遗产重新焕发出强大的生命力,乐平市也积极扶持发展古建产业,着力发掘培养具有工匠精神的非遗技艺传承人,不断激发能工巧匠的创业激情,催生了100多家不同规模的古建企业。工匠们或传承人以开办工厂或公司的形式组织成立营造团队,由董事长(多为营造技艺传承人)负责承接业务,组织或安排公司内各工匠、学徒来完成。公司采用现代化的管理方式,厂内工匠们分工明确、制度严明、工作效率高,能较好地适应现代激烈的市场竞争。例如,由省级传承人胡发忠成立的中乐古建集团(原名"中乐古建筑修复有限公司"),县级传承人齐海林成立的江西有巢氏古建文化有限公司,县级传承人柴春华成立的建文古建筑有限公司,乐平市翰园明清古建筑有限公司等。本着"尊重传统"的经营理念及"以旧复旧"的原则,针对老房子损毁、霉烂、虫蛀部分使用老木料、老工艺进行修复。这些公司在当前国内古徽州建筑修复、设计、营建的施工过程中,工艺始终遵照古法,在古建行业内影响较大。以江西有巢氏古建文化有限公司为例,公司创立者齐海林有着丰富的古建经验,培养了一批技术精湛,工作积极、热情的施工人才,公司中有50岁以上的专业匠人近10名,已成为全国古建行业的佼佼者。随着公司不断壮大,由齐海林带头,联合十几家在乐平从事古戏台营造的企业,共同成立了乐平古戏台文化发展商会,对传承古戏台文化、弘扬工匠精神、培育下一代匠人起到了引领作用。

另有一些成立比较晚的中小型企业,如2017年由梁新武、梁新勇成立的伯益古建筑开发有限公司,目前公司有各类匠人近百名,是乐平古建行业的后起之秀。兄弟二人均为雕刻匠人,少年时便跟随父亲梁龙水学习雕刻,十几年来他们参与了众多戏台的营建,在他们的刻刀下,人物、花鸟雕工精湛、栩栩如生。其主要作品有镇桥镇李白京村和黄湾村古戏台、后港镇塘家畈村古戏台、镇桥镇石墨村古戏台、杨子安戏台等。

随着近些年国家对非遗的重视、国内对古建及古建修复行业的追捧以及乐平市各相关部门的大力支持,乐平市古建筑公司数量呈逐年增多之势,越来越多的工匠被集中到古建企业中。其中,不乏有年事已高的老匠人,也有初中便辍学的年轻学徒。企业通过提高学徒待遇、高薪聘用已经出师的学徒的方式来吸引和留住更多的年轻人。企业创办人还将传统的传承方式与现代的公司制度相结合,在新时代新环境下,为古戏台传统营造技艺的传承和保护提供了良好的氛围。因此,当前看来乐平古戏台营造技艺在企业内的传承情况较为乐观。

2.教育与培训机构

当前针对古戏台传统营造技艺的传承,乐平地区还没有比较成熟的教育和培训机构,传承方式多还是老一辈传下来的"师傅带徒弟"的师徒传承或家族传承。据调查了解,乐平市一些大型的公司、企业已经意识到这种传统传承方式的局限性,正在努力落实"校企联办"。例如,中乐古建集团正在与江西省职业技术学院协商合办古建筑大专班,培养设计实践人才,计划在学生入学的第一年和第二年在校学习理论知识,第三年到中乐古建集团公司内跟随大木作、木雕、砖雕师傅学习技艺,将理论与实践相结合,通过合作培养出一批能从事古建、古戏台营造的优秀匠师。

三、古戏台营造技艺传承与保护对策展望

古戏台营造技艺作为传统手工技艺中的一个类别,既有传统手工技艺的一般特征,又有其独特而鲜明的特点。[1]为了更好地传承乐平古戏台建筑文化遗产,我们不仅要保护古戏台本身,还应重视和加强

---

① 刘托:《中国传统建筑营造技艺的整体保护》,《中国文物科学研究》,2012-12-15。

营造技艺的保护。营造技艺涵盖的内容很广,包括前期的设计、营造材料和工具的使用、构造知识、匠谚口诀、营造流程、工艺做法、营造的文化习俗等。传统营造技艺是一个庞大的综合体,如何有效地保护与传承需要系统考虑和分析。

1.守护文化根脉,保护古戏台建筑实体

长久以来,我国主要是通过确定各级文物保护单位的形式对传统建筑进行保护的。乐平市各相关部门一直以来对传统戏台本身确有保护的意识和行动,在具体实施上也采取了更加灵活、更加有效的保护措施。例如,对戏台进行深入普查,合理评估,实施分级保护。目前看来,乐平市具有重大价值且属于珍贵文物的戏台仅有3座,且都得到了较好的保护。一些并非属于珍贵文物,却因年代久远而价值重大的古戏台也应列入重要保护范畴,建议组织各级古戏台营造技艺传承人、三雕传承人等进行修缮。对于年代较近,损毁不是很严重,经过一般性的修缮就可以进行合理利用的戏台,可以在传承人的指导下,成立一支由专业技术人员组成的修缮队伍,承担这一部分戏台的修缮、维护。此外,对于古戏台的保护,还需要在管理上落到实处,坚持依法保护,建立科学的保护机制。因为古戏台的损毁除了自然因素如风吹、日晒、雨淋等之外,还有一定的人为破坏。针对这种情况,可制定《乐平市古戏台保护条例》,通过法律的规约来促进古戏台的保护,防止出现传统古戏台文物构件被盗或者被损毁的现象。

2.提高文化自觉意识,加大舆论宣传力度

自从非物质文化遗产提出和非物质文化遗产名录相继公布以来,一些地方政府及知识分子的文化自觉意识已经大为提升,但是这种意识并未深入到普通民众心中。文化自觉是指在一定文化中的人对其文化有"自知之明",明白它的来历、形成过程、具有的特色和发展趋

向,不带有任何"文化回归"的意思,不是要复旧,同时也不主张"全盘西化"或"全盘他化"①。乐平古戏台多散布在乐平的农村地区,受众多是农村中的普通老百姓。改革开放以后,随着城市化的加剧,农村中很多年轻人涌入城市中务工,其中很大一部分人认为古戏台及营造技艺是落后的表现,认为大城市中的建筑或者高科技的产物才是真正先进的代表,这恰恰是缺少文化自信和文化自觉意识的表现。对于这一现象,政府应该加大宣传力度,加强舆论引导,提高大众对传统古戏台建筑工艺技术的认知度。通过举办丰富多彩的活动,或者发展旅游的方式,在为当地村民带来经济效益的同时,也使他们了解到本民族留存下来的古戏台及其传统营造技艺是重要而丰富的文化遗产,是值得外地人来学习和观瞻的宝贵财富,进而唤起全民族的文化自觉。

3.建立完善的传承人名录

保护古戏台传统营造技艺,需要先从传承人着手。传承人是非物质文化遗产的主要承载者和传承者,在整个传承过程中起到非常重要的作用。因此,首先需要建立传承人名录,对传承人及其作品进行详细调查,同时理清传承谱系、传承链。2013年,乐平市各相关部门已进行过调查和记录。考虑到有些传承人年事已高,建议每3~5年进行一次系统的统计,确保所做记录的时效性。其次,进行口述史记录,对传承人进行采访,做好录音和影像记录。最后,调查传承人的师承关系、在行业中的地位,以及行规、习俗、禁忌等相关文化信息。

4.形成完整的理论体系

对传统营造技艺做翔实准确的记录是传承的重要环节,可对现存的古戏台营造技艺进行全面调查,准确记录。调查和记录的方式可以

---

① 费孝通:《论人类学与文化自觉》,华夏出版社,2004年。

是由政府部门委派对古建知识有比较专业了解的团队,跟随传承人参与古戏台营建、修复,在此过程中通过绘图、影像、文字的方式真实地记录传承人所掌握的营造技艺。对一些有着传统保守观念的优秀老匠人做好其思想工作,将他们的绝艺绝技做好相关的音像记录。对通过调查所掌握的营造技艺方面的知识和资料进行编辑和系统整理,可以采用文字、图像、影像的方式,借助现代的数字化技术,将营造流程进行全面、精细的影像复现,通过现代化的软件进行直观的展现,以期将来在没有传承人指导的情况下,也可以按照图纸或影像,完成对古戏台的修缮或复建。

5.引入现代传承机制

建议在乐平地区现有的学校教育机构,尤其是职业技术院校或乐平周边的大中专院校,开设古戏台及古建技术培训班,培养既有古建知识,又能掌握戏台营造技艺的新型传承人。同时与乐平的古建企业进行合作,为学生提供实践基地,确保其所学的理论知识能够通过实际操作得以巩固和掌握。